JAVIER ROBLES

Incidência de hipocloridria e nitritos na mucosa gástrica

JAVIER ROBLES

Incidência de hipocloridria e nitritos na mucosa gástrica

Como fator de atrofia e metaplasia

ScienciaScripts

This book is a translation from the original published under ISBN 978-613-9-40482-7.

Publisher:
Sciencia Scripts
is a trademark of
Dodo Books Indian Ocean Ltd. and OmniScriptum S.R.L publishing group

120 High Road, East Finchley, London, N2 9ED, United Kingdom
Str. Armeneasca 28/1, office 1, Chisinau MD-2012, Republic of Moldova, Europe
Printed at: see last page
ISBN: 978-620-8-08447-9

DEDICAÇÃO

A DEUS PAI CELESTIAL por todas as vossas bênçãos. A Maria Angélica Calderón, minha querida mãe.

Ao Isaías e à Narcisa, as vossas memórias permanecerão na minha mente e no meu coração.

À Laura, Sara, Marcial, Martha e Teresa, meus queridos irmãos.

OBRIGADO

Gostaria de expressar os meus mais sinceros agradecimentos ao Dr. Miguel Bilbao Díaz, meu orientador de tese, ao meu amigo de longa data José Guevara, ao Dr. Fabián Romero, responsável pela disciplina e gastroenterologista do Hospital, sem a sua ajuda não teria sido possível realizar este trabalho, à Sra. Rosemery Velasteguí pela sua colaboração incondicional, ao Paulo Terán pelo seu incentivo, à Lorena Peralta pelo seu tempo e a todas as pessoas que me apoiaram na realização deste trabalho.

RESUMO

Nos últimos anos, a medicina moderna, tanto a nível mundial como nacional, registou avanços significativos no diagnóstico de patologias específicas. Uma das áreas que mais tem beneficiado com estes avanços tecnológicos é a gastroenterologia, nomeadamente a endoscopia digestiva alta e baixa. O objetivo deste estudo foi estabelecer a incidência de hipocloridria ou acloridria e de nitritos na mucosa gástrica em pacientes atendidos no Serviço de Gastroenterologia do Hospital Solca Riobamba como desencadeante de atrofia gástrica e metaplasia gástrica, utilizando a endoscopia digestiva alta, a análise do suco gástrico e a biópsia obtida neste procedimento. A amostra foi constituída por 105 pacientes que foram submetidos a exames endoscópicos, onde se determinou a importância deste exame e a utilidade da realização de uma biopsia neste tipo de lesões. Foi também determinada a relação entre os achados macroscópicos e o resultado histopatológico, bem como o tipo de infiltrado inflamatório mais frequente diagnosticado, assim como as patologias encontradas, tudo caracterizado de acordo com o sexo, idade, origem e nível de escolaridade. Determinou-se que, do total de pacientes observados, 36 tinham a presença de nitritos no suco gástrico (34,28%). A hipocloridria foi observada em 42 doentes, ou seja, 40 % do total. Verificou-se que em 36 doentes existia uma relação entreacloridria e nitritos, juntamente com metaplasia e atrofia, sendo 44,44% do sexo feminino e 55,55% do sexo masculino. Determinou-se também que todos eles apresentavam metaplasia, diminuição dos grupos glandulares e ambas as patologias, sendo estas consideradas como lesões importantes para o desenvolvimento de um carcinoma gástrico. 100% dos doentes submetidos a este procedimento apresentavam sinais clínicos de doença gastrointestinal, desde gastropatia ligeira até infiltrados neoplásicos em estádio avançado. Conclui-se que tanto a presença de nitritos como a acloridria são factores de risco fundamentais para o desencadeamento de atrofia e metaplasia gástrica.

PALAVRAS-CHAVE: ACLORIDRIA, -ATROFIA -ENDOSCOPIA - ENDOSCOPIA DIGESTIVA ALTA -METAPLASIA,

RESUMO

A medicina moderna, tanto a nível mundial como nacional, tem registado nos últimos anos importantes avanços no diagnóstico de patologias específicas. Uma das áreas que mais tem beneficiado destes avanços tecnológicos é a gastroenterologia e especificamente a endoscopia inferior e superior. O objetivo deste trabalho foi estabelecer a incidência de hipoacloridria ou acloridria e nitritos na mucosa gástrica em pacientes da área de Gastroenterologia do Hospital Solca da cidade de Riobamba como causa de atrofia e metaplasia gástrica, utilizando o método da endoscopia digestiva alta, a análise do suco gástrico e posteriormente as amostras de biópsia obtidas neste procedimento. A amostra foi de 105 pacientes que realizaram exames endoscópicos, onde foi determinada a importância deste exame e a utilidade da biópsia neste tipo de lesão. Determinou-se também a relação entre os achados macroscópicos e o resultado histopatológico, bem como o tipo de infiltrado inflamatório mais frequentemente diagnosticado, assim como as patologias encontradas, tudo isto caracterizado por sexo, idade, origem e nível de escolaridade. Determinou-se que o número total de pacientes tratados, 36 apresentavam nitritos no suco gástrico para um 34,28%. A hipocloridria foi observada em 42 pacientes, representando 40% do total. Verificou-se que em 36 pacientes havia uma relação de acloridria e nitritos conjuntamente com atrofia e metaplasia, sendo 44,44% do sexo feminino e 55,55% do sexo masculino. Também se determinou que todos eles apresentavam metaplasia, diminuição dos grupos glandulares e por sua vez ambas as alterações, sendo estas consideradas como lesões importantes para o desenvolvimento de um carcinoma gástrico. Os 100% dos pacientes que foram submetidos a este procedimento apresentaram sinais clínicos de doença gastrointestinal, desde doenças gástricas leves até infiltrados neoplásicos em estágio avançado. Conclui-se que tanto a presença de nitrito quanto a acloridria são fatores de risco fundamentais para o aparecimento de atrofia e metaplasia gástrica.

PALAVRAS-CHAVE: acloridria, -ATROFIA -ENDOSCOPIA -ENDOSCOPIA - ENDOSCOPIA ALTA

Digestivo -metaplasia,

1. INTRODUÇÃO

O cantão de Riobamba é uma entidade territorial subnacional equatoriana na província de Chimborazo. A sua capital cantonal é a cidade de Riobamba, onde se encontra agrupada a maior parte da sua população total, tem uma população de 263.412 habitantes e somada aos cantões vizinhos de Colta, Guano e Chambo que fazem parte do "Y Metropolitano", tem uma população total de 365.358 habitantes (Inen, 2012). A cidade conta com vários centros de saúde, tanto básicos como especializados, sendo um deles o Hospital Oncológico Solca Riobamba, onde está a ser realizado este estudo.

Para que a atrofia e a metaplasia gástricas ocorram, são indiscutíveis vários factores, nomeadamente a ausência de acidez gástrica normal, a presença de nitritos e a colonização por *Helicobacter pylori*. A colonização da mucosa gástrica pela bactéria provoca diversas lesões inflamatórias, produzindo, numa fase inicial, uma inflamação com um infiltrado inflamatório que se estende a toda a profundidade da mucosa, desde a superfície e a zona foveolar até à formação de folículos linfóides, o que acaba por conduzir a uma gastrite crónica.

Com a inflamação, inicia-se um processo degenerativo da mucosa gástrica, levando à destruição das glândulas gástricas (atrofia). A lesão atrófica, inicialmente antral, não é uniforme, sendo observada entre áreas preservadas da mucosa, podendo coexistir ou ser substituída em alguns casos por epitélio do tipo intestinal (metaplasia intestinal), e sua posterior progressão para displasia, com a presença de outras formas avançadas como o linfoma do tecido linfoide associado à mucosa e o carcinoma gástrico.

A hipocloridria e a acloridria referem-se a uma diminuição da secreção de ácido clorídrico no estômago, tomando o valor normal do pH da mucosa gástrica como 2,5 (Pérez E.Abdo J. Bernal F 2012). Ambas as condições podem ocorrer espontaneamente, como resultado de uma doença clínica, ou por administração de medicamentos (iatrogénica). A hipocloridria ou acloridria espontânea pode estar dependente de muitas doenças. Certos procedimentos cirúrgicos podem também diminuir a produção de ácido no estômago ou eliminá-lo. A causa mais comum de hipocloridria ou acloridria espontânea é a inflamação ativa ou persistente do estômago (gastrite atrófica crónica).

A hipocloridria ou acloridria iatrogénica causada pela administração de medicamentos pode ser intermitente ou persistir ao longo do dia, dependendo do medicamento tomado. A ingestão de antiácidos ou anti-histamínicos raramente provoca uma diminuição contínua da secreção ácida ao longo das 24 horas. No entanto, os inibidores da bomba de protões (inibidores da ATPase hidrogénio-potássio) podem produzir hipocloridria ou acloridria persistentes em alguns indivíduos.

O ambiente altamente ácido do estômago tem uma função protetora que inibe o crescimento bacteriano. A hipocloridria ou acloridria diminui a acidez e pode permitir o crescimento bacteriano no estômago e na parte superior do intestino delgado (duodeno). A contaminação bacteriana provém principalmente da saliva e dos alimentos e, eventualmente, da parte distal do intestino.

Nem todos os factores determinantes na progressão da gastrite para atrofia gástrica e metaplasia intestinal estão totalmente elucidados, tendo sido implicados a suscetibilidade do hospedeiro e a resposta imunitária, para além da infeção por *Helicobacter pylori* e da sua diversidade genómica.

Estas provocam atrofia gástrica e metaplasia intestinal, em que a produção de ácido clorídrico, uma substância essencial para a defesa da mucosa gástrica contra a ação de germes estranhos, diminui, causando a presença de nitritos no meio gástrico que provocam a degradação da mucosa. Se o pH estiver elevado e os nitritos não estiverem presentes, isso significa que a hipoacidez é temporária, ao passo que se o pH estiver elevado e os nitritos estiverem presentes, isso indica que a lesão já é atrófica.

O Helicobacter pylori está normalmente ausente nas atrofias ou migra para locais não lesionados. Se tal for comprovado, este estudo de baixo custo pode ser implementado a nível nacional, permitindo a realização de biopsias para patologia apenas emdoentes com pH elevado e nitritos positivos. Os outros doentes seriam tratados com resultados endoscópicos e de urease para investigar *o Helicobacter Pylori*, reduzindo significativamente os custos.

Com base nesta premissa, foi realizada uma investigação com um total de 105 pacientes, de setembro de 2012 a janeiro de 2013, que foram submetidos a endoscopia digestiva alta (EDA), a fim de determinar o desconforto causado neste aparelho. Foi determinada a presença ou ausência de acidez no suco gástrico, bem como a determinação do pH, e o gastroenterologista também recolheu amostras de biópsia para comparação com o estudo histopatológico, onde a morfologia é determinada por microscopia e relacionada com o tecido considerado normal.

Das 105 amostras analisadas, 36 estavam correlacionadas com aumento do pH e nitritos positivos, bem como com a presença de metaplasia e atrofia gástrica; os restantes casos apresentavam patologias relacionadas com gastropatias ligeiras a graves. O objetivo deste trabalho foi determinar que a hipoacidez e os nitritos presentes são causas de atrofia e metaplasia gástrica.

1.2. OBJECTIVOS

1.2.1 OBJECTIVO GERAL

Estabelecer a incidência de hipocloridria ou acloridria e de nitritos na mucosa gástrica em pacientes tratados no Serviço de Gastroenterologia do Hospital Solca Riobamba como fator desencadeante de atrofia gástrica e metaplasia gástrica.

1.2.2. OBJECTIVOS ESPECÍFICOS

1.- Determinar os nitritos e o ácido clorídrico e correlacioná-los com a metaplasia e a atrofia gástrica.

Determinar a incidência de metaplasia e atrofia gástrica nos doentes, identificando a idade, o sexo, o nível de escolaridade, a origem, o tipo de trabalho efectuado. **3.-** Identificar factores de risco hereditários ou adquiridos.

1.3. HIPÓTESE

A acloridria e os nitritos são factores desencadeantes da presença de metaplasia e atrofia gástrica.

1.4. VARIÁVEIS

Independente: Atrofia e metaplasia gástrica

Dependente: Teste do nitrito, hipocloridria ou acloridria.

Participantes: Pacientes com queixas gástricas que se apresentam no serviço de gastroenterologia.

2. QUADRO TEÓRICO

2.1 ANATOMIA E HISTOLOGIA DO SISTEMA GASTROINTESTINAL .

O abdómen contém a maior parte do aparelho digestivo, o estômago, os intestinos delgado e grosso, bem como o fígado, o pâncreas e o baço (Rouviere, 2001).

2.1.1 ANATOMIA FUNCIONAL DO ESTÔMAGO

O estômago é o reservatório onde se completa a trituração dos alimentos iniciada na cavidade oral e onde começa a digestão (Rouviere, 2001).

O estômago é uma dilatação em forma de J do tubo digestivo, contínuo ao esófago proximalmente e ao duodeno distalmente, e funciona principalmente como um reservatório para armazenar grandes quantidades de alimentos recentemente ingeridos para permitir ingestões intermitentes, que iniciam o processo digestivo e libertam o seu conteúdo de forma controlada para o resto do tubo digestivo para acomodar a capacidade reduzida do duodeno. O volume do estômago varia entre cerca de 30 mL num neonato e 1,5 a 2 L num adulto (Sleisenger - Fordtran, 2002).

As vísceras são os órgãos contidos nas cavidades corporais e funcionalmente relacionados com as principais actividades tróficas da nutrição: digestão, respiração, circulação, secreção e excreção.
As vísceras são cobertas por membranas conjuntivais ou epiteliais chamadas serosas, como o peritoneu, a pleura e o pericárdio (Sleisenger-Fordtran, 2002).

O sistema digestivo compreende o conjunto de órgãos encarregados de retirar os alimentos do meio externo para repor as perdas provocadas pelo trabalho celular quotidiano (Sleisenger - Fordtran, 2002).

2.1.2 Desenvolvimento embrionário

O sistema digestivo provém da folha interna do embrião ou endoderme. Nas primeiras fases, forma-se um canal cego chamado intestino primitivo, que se estende da sua extremidade cefálica à sua extremidade caudal. Ao entrar em contacto com o ectoderma, forma-se o estomodeu ou futura boca, na parte superior, e o protodeu ou futuro ânus, na parte inferior. Estes orifícios são inicialmente obstruídos por paredes epiteliais, que são posteriormente reabsorvidas (Sleisenger - Fordtran, 2002).

O desenvolvimento e a rotação do estômago aparecem na quarta semana de gestação (28 dias), como uma dilatação do intestino distal. À medida que o estômago aumenta, o lado dorsal cresce mais rapidamente do que o lado ventral para formar a curvatura maior. Além disso, durante o processo de alargamento, ele gira seu eixo longitudinal em cerca de 90 graus e a curvatura maior (o lado dorsal) é orientada para a esquerda e a curvatura menor (lado ventral) para a direita. Os efeitos combinados da rotação e das diferenças de crescimento fazem com que o estômago se localize transversalmente na parte superior média e esquerda do abdómen (Sleisenger_ Fordtran, 2002).

Embriologicamente, quase todos os órgãos do sistema digestivo desenvolvem-se a partir da endoderme do intestino primitivo (Hib, 1999). O sistema digestivo desempenha um papel importante no organismo (García-Conde-Merino, 1995), envolvendo os processos de digestão, absorção e excreção de substâncias necessárias ao funcionamento de outros sistemas vivos (Guyton, 1999).
O esófago é relativamente largo e dilatável, ligeiramente contraído na sua origem faringoesofágica. Este estreitamento inicial do seu lúmen é causado pela proeminência da parte ventral da mucosa, sob a qual se encontra uma espessa camada de glândulas. O estômago, a região mais dilatada do tubo digestivo, é uma estrutura semelhante a um saco, que pode ser dividido em cárdia, fundo, corpo e antro, canal pilórico e orifício, sendo o fundo dorsal ao orifício cardíaco (Gartner-Hiatt, 1997).

2.2 HISTOLOGIA.

A histologia do trato gastrointestinal é frequentemente descrita em termos de quatro camadas amplas: mucosa, submucosa, muscular externa e serosa (ou adventícia) (Figura n.º 1). Estas camadas são semelhantes em todo o seu comprimento, cujo carácter e espessura variam em função das necessidades funcionais das diferentes regiões (Gartner - Hiatt, 1997; Lesson - Lesson, 1980).

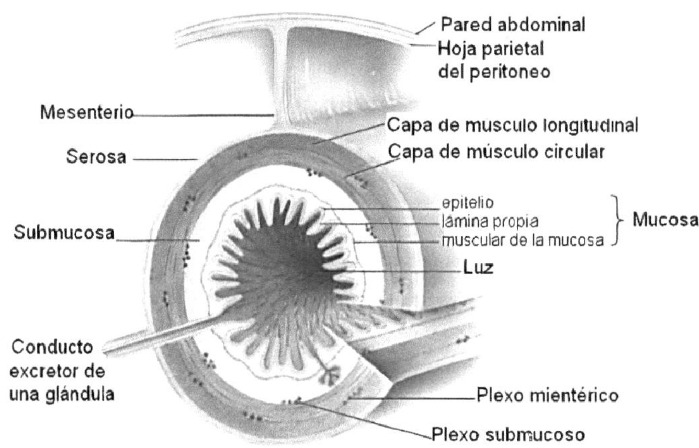

Figura N° 1 Diagrama das camadas histológicas do intestino.

O lúmen do trato digestivo é revestido por um epitélio, que assenta numa camada mais profunda de tecido conjuntivo frouxo, conhecida como lâmina própria (Gartner - Hiatt, 1997).

O epitélio, a lâmina própria (ou prória) e a muscularis da mucosa são coletivamente referidos como a mucosa (Gartner-Hiatt, 1997). Esta mucosa constitui uma barreira importante que separa o ambiente luminal do ambiente da cavidade abdominal.

Esta camada está rodeada por tecido conjuntivo fibroelástico denso e irregular e é designada por submucosa, que também contém vasos sanguíneos e linfáticos, bem como um plexo nervoso parassimpático, o plexo submucoso de Meissner, que controla a motilidade da mucosa, bem como as actividades secretoras das suas glândulas (Gartner - Hiatt, 1997).

A submucosa é revestida por uma camada muscular espessa, denominada camada muscular externa, que é responsável pela atividade peristáltica, movendo o conteúdo do lúmen ao longo do trato digestivo (Gartner - Hiatt, 1997).

A camada muscular externa é composta por músculo liso (exceto no esófago) e está geralmente organizada em duas camadas, uma camada circular interna e uma camada longitudinal externa (Gartner-Hiatt, 1997).

Existe também um plexo nervoso parassimpático, denominado plexo mioentérico de Auerbach, situado entre as duas camadas, que regula a atividade da camada muscular externa, que é envolvida por uma fina camada de tecido conjuntivo e pode ou não estar rodeada por um epitélio escamoso simples do peritoneu visceral denominado serosa ou adventícia (Gartner-Hiatt, 1997).

O trato gastrointestinal recebe a sua inervação parassimpática do nervo vago, exceto o cólon descendente e o reto, que são inervados pelos nervos craniossacrais (Gartner-Hiatt, 1997).

A superfície luminal do intestino delgado é modificada para aumentar a sua superfície mucosa, a fim de realizar as funções, nomeadamente a absorção e a secreção digestivas (Gartner-Hiatt, 1997; Lesson-Lesson, 1980).

Foram observados três tipos de modificações: dobras circulares (válvulas de Kerckring), vilosidades e microvilosidades (Gartner-Hiatt, 1997) (Figura 2).

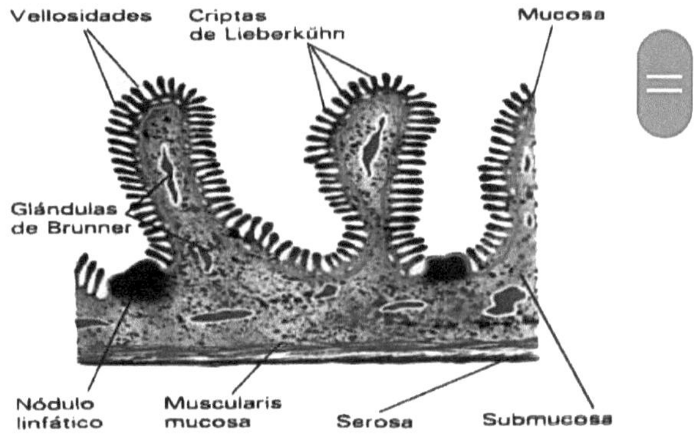

Figura n.º 2 Diagrama da mucosa do intestino delgado e da sua composição celular.

Dobras circulares (válvulas de Kerckring): são dobras circulares ou espirais de um núcleo que incluem a espessura total da mucosa com as da submucosa (Lesson-Lesson, 1980).

Começam no duodeno, atingindo o seu desenvolvimento máximo no duodeno terminal, no jejuno proximal, e depois diminuem até desaparecerem na metade distal do íleo (Gartner-Hiatt, 1997; Lesson-Lesson, 1980).

As vilosidades são pequenas projecções digitiformes da membrana mucosa, encontradas apenas no intestino delgado, e estão cobertas por epitélio e têm um núcleo na lâmina própria (Gartner-Hiatt, 1997; Lesson-Lesson, 1980).

O centro de cada vilosidade contém alças capilares, um ducto linfático com extremidade cega (vaso quilífero) e algumas fibras musculares lisas (Gartner-Hiatt, 1997; Lesson-Lesson, 1980).

As criptas de Lieberkühn são estruturas tubulares que terminam entre as bases das

14

vilosidades e se estendem profundamente na espessura da membrana.

mucosa até atingir um ponto próximo do músculo da mucosa (Lesson-Lesson, 1980).

As células absorventes cilíndricas que revestem as vilosidades e que revestem as criptas têm um bordo estriado com inúmeros prolongamentos ou microvilosidades (Lesson-Lesson, 1980).

A lâmina própria do intestino delgado, que se estende até à camada muscular da mucosa, está comprimida em finas placas de tecido conjuntivo altamente vascularizado devido às numerosas glândulas intestinais tubulares, chamadas criptas de Lieberkühn, que são compostas por células absorventes superficiais, células caliciformes, células regenerativas, células enteroendócrinas e células de Paneth, que se distinguem claramente pela presença de grandes grânulos de secreção eosinofílicos apicais (Gartner-Hiatt, 1997). (Figura 2). O íleo tem agregações permanentes de nódulos linfóides conhecidos coletivamente como placas de Peyer (Gartner-Hiatt, 1997).

A submucosa do duodeno alberga glândulas, designadas pglândulas de Brunner, que são glândulas túbulo-alveolares ramificadas cujas porções secretoras se assemelham a ácinos mucosos (Gartner-Hiatt, 1997).

O cólon carece de pregas e vilosidades, pelo que o epitélio de superfície é mais patente do que no intestino delgado (Lesson-Lesson, 1980), e é ricamente dotado de glândulas tubulares chamadas criptas de Lieberkünh, que são semelhantes em composição às do intestino delgado, exceto que não possuem células de Paneth, estas glândulas tubulares estendem-se diretamente da superfície através de toda a mucosa até ao músculo (Gartner-Hiatt, 1997). (Figura 3).

A endoscopia gastrointestinal, conhecida como endoscopia digestiva alta e baixa, é útil como exame complementar e, se for de facto fiável, para confirmar ou excluir patologias que possam produzir alterações no sistema digestivo (Gartner-Hiatt, 1997).

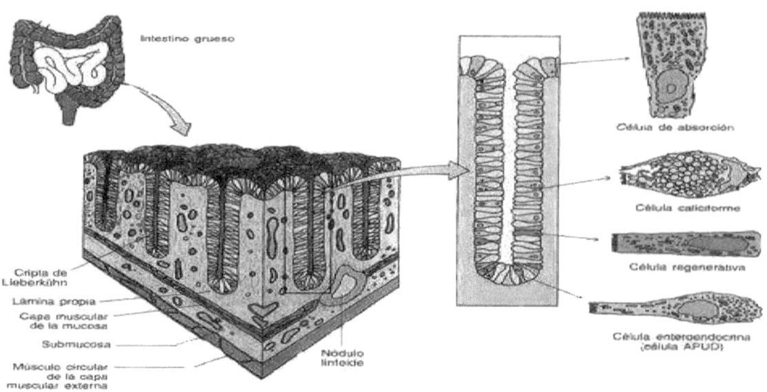

Figura nº 3 Diagrama da mucosa do intestino grosso e da sua composição celular.

2.2.1 FISIOLOGIA DA

SECREÇÃO GÁSTRICA

O estômago segrega água, electrólitos, enzimas com atividade em pH ácido (pepsina e lipase) e glicoproteínas (fator intrínseco, mucina). O suco gástrico contém igualmente pequenas quantidades de cálcio e de magnésio, bem como vestígios de zinco e de ferro (Sleisenger-Fordtran, 2002) (Anexo 4).

2.2.2 CÉLULAS EPITELIAIS CÉLULAS EXÓCRINAS

As células exócrinas do estômago derivam de células estaminais localizadas na região média (colo) das glândulas gástricas. O fluxo das células do colo para a superfície é um processo rápido (<1 semana), enquanto o fluxo descendente das células do colo para as glândulas gástricas pode demorar várias semanas, à medida que as células indiferenciadas amadurecem e se transformam em células mais especializadas, como as células parietais e as células principais (Sleisenger-Fordtran, 2002).

As células cilíndricas que revestem a superfície do estômago e os seus fóbos (células de superfície) segregam sódio em troca de hidrogénio, carbonatos, mucina e fosfolípidos, que ajudam a proteger a mucosa gástrica das lesões provocadas pela pepsina ácida luminal e pelas toxinas ingeridas (Sleisenger-Fordtran, 2002).

2.2.3 GASTRINA

A gastrina é o estimulante endógeno mais potente da secreção de ácido gástrico; não é um péptido único, mas pertence a uma família de péptidos de vários comprimentos, que é obtida a partir do processamento de um procurador maior de 101 aminoácidos (pré-progastrina), (Sleisenger-Fordtran, 2002).

2.3 FISIOLOGIA GÁSTRICA

O estômago desempenha um papel importante na nutrição humana e tem funções secretoras, motoras e humorais. O estômago tem numerosas funções fisiológicas:

- Serve de armazém para os alimentos durante o tempo necessário para que as secreções gástricas actuem sobre eles e iniciem a digestão.
- Produz o suco gástrico, que contém ácido e pepsinogénio.
- Mistura os alimentos para reduzir o tamanho das partículas dos alimentos e para libertar o quimo, à velocidade necessária.
- Está envolvido no controlo do apetite e da fome.
- Controla a flora bacteriana que chega ao intestino delgado, evitando o crescimento excessivo de bactérias.
- Está envolvido na hematopoiese através da secreção do fator intrínseco, que é necessário para a absorção da vitamina b-12 (Drucker, 2005).
- Protege a mucosa gástrica da sua própria secreção de ácido péptico e do suco

duodenal, mantendo uma barreira mucosa intacta.

- Produz e liberta substâncias que actuam através de vias endócrinas ou parácrinas para regular os processos metabólicos digestivos (Dvorkin, 2003).

2.3.1 COMPOSIÇÃO DA SECREÇÃO

GÁSTRICA DO SUCO GÁSTRICO

O suco gástrico é o líquido segregado pelas glândulas gástricas no estômago. É uma solução aquosa que contém componentes inorgânicos como o cloro (Cl), iões de hidrogénio (H+), potássio (K+), sódio (Na+) e bicarbonato (HCO -3), e componentes orgânicos como o muco, pepsinogénios I e II e fator intrínseco. O pH é muito baixo (cerca de 2,5), (Pérez-Abdo-Bernal, 2012).

2.3.2 MEDIÇÃO DA SECREÇÃO DE ÁCIDO

INDICAÇÕES PARA A AVALIAÇÃO DA SECREÇÃO

O ácido clorídrico é segregado pelas células parietais ou oxínticas numa concentração de aproximadamente 160 mmoles/L a pH 0,8 (Pérez-Abdo-Bernal, 2012).

As células parietais em repouso têm estruturas únicas, o aparelho tubular vesicular que contém a bomba de protões (H+/K+ ATPase) e os canículos secretores intracelulares, que têm um grande número de microvilosidades longas que permitem aumentar quatro a cinco vezes a superfície luminal (Pérez-Abdo-Bernal, 2012).

2.3.3 SECREÇÃO DE PEPSINOGÉNIO

O pepsinogénio, que é a principal proenzima do suco gástrico, é o precursor inativo da pepsina. É segregado pelas principais células das glândulas da mucosa gástrica (Pérez-Abdo-Bernal, 2012).

Os pepsinogénios são classificados em pepsinogénios do tipo I e II. O pepsinogénio I é segregado predominantemente pelas células glandulares da mucosa do fundo ou do corpo gástrico e é detectado no soro e eliminado na urina como uropepsinogénio. O pepsinogénio II é segregado no fundo, no antro, na cárdia e no duodeno proximal (Pérez-Abdo-Bernal, 2012). No ambiente ácido do estômago, o pepsinogénio é ativado em pepsina por clivagem do N-terminal. Esta ativação ocorre apenas a um pH inferior a 5. A um pH de 5 a 3, a ativação do pepsinogénio em pepsina é lenta e a um pH inferior a 3 é muito rápida.

Uma vez ativado o pepsinogénio, a sua atividade é dependente do pH. A sua atividade é óptima a um pH entre 1,8 e 3,5. Valores de pH superiores a 3,5 inactivam reversivelmente a pepsina e valores de pH superiores a 7,2 inactivam-na irreversivelmente (Pérez-Abdo-Bernal, 2012).

A acloridria, que resulta da destruição das células parietais, ocorre em fases avançadas e a hipoacloridria pode ocorrer mesmo com um grande número de células parietais preservadas, sugerindo que pode estar presente um anticorpo anti-bomba de protões (Odze-Goldblum, 2009).

2.3.4 OUTRAS FUNÇÕES

Outra enzima segregada no estômago é a lipase gástrica, que actua sobre a gordura do leite e separa os triglicéridos de cadeia curta dos ácidos gordos e dos monoglicéridos (Pérez-Abdo-Bernal, 2012). Funciona de forma óptima a um pH de 4 a 7; esta enzima tem uma atividade limitada no estômago dos adultos, sendo mais importante nas crianças (Pérez-Abdo-Bernal, 2012).

A hipocloridria e a acloridria são uma causa de sobrecrescimento bacteriano no intestino proximal e estão associadas a um aumento da incidência de doentes com síndrome de diarreia do viajante (Greenberger-Blumberg-Burakoff, 2009).

2.3.5 SECREÇÃO DE MUCO

O muco gástrico é um gel viscoso constituído por 5 % de glicoproteínas e 95 % de água, com uma viscosidade de 30 a 269 vezes a da água; está ligado à camada de células epiteliais e tem 5 mm de espessura (Schwartz, 2005).

Esta camada de gel da mucosa fornece proteção contra lesões causadas por substâncias luminalmente nocivas, incluindo ácido, pepsinas, ácidos biliares e etanol. Além disso, lubrifica a mucosa gástrica para minimizar os efeitos abrasivos dos alimentos intraluminais (Latarjet, 2005).

Quando a mucosa entra em contacto com uma solução de pH muito baixo, o muco precipita-se e as células da mucosa têm de segregar constantemente muco (Latarjet, 2005).

A medição da secreção de ácido gástrico pode ajudar no diagnóstico clínico e na gestão de doentes com gastrinoma e outros estados hipersecretores de ácido, no diagnóstico de vagotomia incompleta em doentes com úlcera péptica pós-cirúrgica recorrente (Sleisenger-Fordtran, 2002).

Além disso, a demonstração de ácido em jejum (ou pH ácido gástrico em jejum) exclui a acloridria como causa de uma concentração sérica de gastrina acentuadamente elevada. Os doentes devem suspender os medicamentos anti-secretores gástricos antes de medir a secreção ácida em jejum (Sleisenger-Fordtran, 2002).

2.3.6 PRODUÇÃO DE ÁCIDO BASAL (PBA)

O PBA representa o ácido gástrico segregado sem estimulação intencional ou evitável. Cerca de 2 a 3 pessoas normais segregam uma certa quantidade de ácido gástrico em condições basais, o limite superior do PBA normal é de cerca de 10 mmol por hora nos homens e 5 mmol por hora nas mulheres (Dalenback, 1996).

A PBA flutua de hora a hora na mesma pessoa. A PBA mais baixa ocorre entre as 5 e as 11 horas da manhã e a mais alta entre as 14 e as 23 horas. A variação da PBA também depende da atividade motora gástrica cíclica, provavelmente devido a flutuações no tónus colinérgico. A variação da PAB também depende da atividade motora gástrica cíclica, provavelmente devido a flutuações no tónus colinérgico (Sleisenger-Fordtran, 2002).

2.3.7 SECREÇÃO ÁCIDA ESTIMULADA PELA REFEIÇÃO

As taxas de secreção de ácido gástrico após a ingestão aumentam rapidamente e aproximam-se do valor do pico de produção de ácido (PPA). Apesar disso, o pH do estômago aumenta porque as proteínas dos alimentos neutralizam o ácido segregado (Sleisenger-Fordtran, 2002).

Em seguida, o pH intragástrico pós-prandial diminui abaixo do pH basal, à medida que a secreção de ácido gástrico mantém a secreção e os tampões actuam ou o alimento deixa o estômago (Sleisenger-Fordtran, 2002).

2.4 PATOLOGIAS QUE AFECTAM O SISTEMA GASTROINTESTINAL E QUE PODEM SER DIAGNOSTICADAS POR EXAME ENDOSCÓPICO E SUBSEQUENTE BIOPSIA .

O sistema gastrointestinal é afetado por um grande número de patologias, no entanto, este capítulo refere-se a patologias que podem ser diagnosticadas por endoscopia e/ou biópsia (Yazbeck, 1995).

2.4.1 ANOMALIAS DO DESENVOLVIMENTO

As anomalias congénitas do esófago são relativamente comuns (1 em 3000 a 1 em 4500 nados vivos) e devem-se a defeitos genéticos ou a stress intrauterino que impedem a maturação fetal (Yazbeck, 1995). As anomalias do esófago são comuns em bebés prematuros e 50% têm outras perturbações, resumidas pelo acrónimo VACTERL (anteriormente VATER), (Yazbeck, 1995).

2.4.2 ATRESIA DO ESÓFAGO E FÍSTULA TRAQUEO-ESOFÁGICA

A atresia do esófago e as fístulas gastro-esofágicas são as anomalias do desenvolvimento do esófago mais importantes e mais comuns. A primeira resulta de um defeito de recanalização no intestino primitivo anterior; as outras resultam da falha do botão pulmonar em separar-se completamente do intestino anterior (Spitz, 1996). A atresia esofágica ocorre como anomalia isolada em apenas 7 % dos casos; os restantes 93 % são acompanhados por uma das formas de fístula traqueoesofágica (Spitz, 1996).

Na atresia isolada, o esófago superior termina numa bolsa cega e o esófago inferior liga-se ao estômago. Esta patologia pode ser suspeitada antes do nascimento pelo desenvolvimento de polihidrâmnios (devido à incapacidade do feto para engolir e, assim, absorver o líquido amniótico) ou ao nascimento pela regurgitação de saliva e um abdómen escavado (sem ar) (Pope, 1993).

2.4.3 ESTENOSE CONGÉNITA

A estenose congénita é uma anomalia rara que ocorre em apenas 1 em cada 25000 nados vivos. O segmento estenosado varia de 2 a 20 cm de comprimento e está normalmente localizado no terço médio ou inferior do estômago. A causa exacta da estenose congénita não é totalmente conhecida (Sleisenger-Fordtran, 2002).

Quando grande parte das paredes estenosadas são ressecadas, elas contêm sequestros de tecido respiratório (hialino, cartilaginoso, epitélio respiratório), sugerindo que sua origem é a separação incompleta do broto pulmonar do intestino anterior primitivo (Sleisenger-Fordtran, 2002).

Noutros casos, a estenose resulta de hipertrofia fibromuscular ou de lesões do plexo mioentérico com perda de elementos neurais que produzem óxido nítrico relaxante do músculo liso (Sleisenger-Fordtran, 2002).

2.4.4 DUPLICAÇÕES DO ESÓFAGO

As duplicações congénitas do esófago ocorrem em 1 em cada 8000 nados-vivos. Surgem como casos revestidos de epitélio a partir do intestino anterior primitivo e desenvolvem-se para produzir estruturas tubulares ou quísticas que não comunicam com o lúmen do esófago (Sleisenger-Fordtran, 2002). Os quistos constituem 80 % das duplicações e são geralmente estruturas únicas cheias de líquido (Sleisenger-Fordtran, 2002).

2.4.5 ANÉIS ESOFÁGICOS

O esófago distal contém dois "anéis", a e b, que demarcam anatomicamente os limites proximal e distal do vestíbulo esofágico (Chotiprasidhi, 2000).

2.4.6 PATOLOGIAS QUE AFECTAM O ESTÔMAGO E O INTESTINO E QUE SÃO DIAGNOSTICADAS POR ENDOSCOPIA E/OU BIÓPSIA:

O termo gastrite, que significa inflamação do estômago, é um dos conceitos médicos mais heterogeneamente interpretados, pois trata-se de um processo patológico diverso e multicausal (Ramos, 2000).

Este termo refere-se a um conjunto de entidades em que existe lesão da mucosa gástrica com a presença de um infiltrado inflamatório; é habitualmente causada por agentes infecciosos, reacções de hipersensibilidade, auto-imunes ou idiopáticas e, por isso, o seu diagnóstico é estabelecido única e exclusivamente pela histologia através de biopsia (Ramos, 2000). O termo gastropatia é utilizado quando existe lesão da mucosa gástrica em que o infiltrado inflamatório é mínimo ou ausente, e a alteração predominante é epitelial (gastropatia reactiva) ou vascular (congestiva, isquémica, etc.), (Ramos, 2000).

2.4.6.1 CLASSIFICAÇÃO

Pela sua aparência macroscópica e etiologia classificam-se em específicas e inespecíficas; pelo tipo de células inflamatórias dividem-se em agudas e crónicas; pela sua localização classificam-se em tipo A quando cobrem o fundo e o corpo gástrico (geralmente relacionadas com factores imunológicos); o tipo B localiza-se no antro (principalmente associado à infeção por H pylori) e o tipo AB é uma pangastrite (Pérez-Abdo-Bernal, 2012).

GASTROPATIAS AGUDAS

Nas gastropatias agudas, também designadas por gastropatias hemorrágicas erosivas, o infiltrado inflamatório é mínimo ou inexistente, pelo que o termo mais adequado é gastropatia, em vez de GASTRITE (Sleisenger-Fordtran, 2002).

Caracteriza-se por erosões (perda de continuidade da mucosa, sem envolvimento da *muscularis mucosae)* ou focos hemorrágicos na mucosa do estômago ou do duodeno, que podem ser poucos ou múltiplos (Sleisenger-Fordtran, 2002).

As lesões são observadas endoscopicamente e, normalmente, não são necessárias biópsias, exceto se houver suspeita de um tipo especial de gastrite (Sleisenger-Fordtran, 2002).

ANTI-INFLAMATÓRIOS NÃO ESTERÓIDES GASTROPATIAS

Os anti-inflamatórios não esteróides são um grupo de medicamentos muito importante e frequentemente utilizado na prática médica de rotina, devido ao seu amplo espetro terapêutico, que engloba não só o seu conhecido efeito anti-inflamatório, analgésico e antipirético, mas também o seu leque tem-se alargado nos últimos anos, uma vez que a sua eficácia tem sido demonstrada em muitas outras situações patológicas (Hawkey-Langman, 2003).

O efeito local, durante a passagem do fármaco pelo estômago, envolve o pH gástrico e a estrutura ácida dos AINEs (especialmente com o ácido acetilsalicílico), que diminui a barreira protetora hidrofóbica da mucosa e, assim, promove a retrodifusão do hidrogénio e, se houver refluxo biliar concomitante, promove a lesão da mucosa, bem como o envolvimento direto dos metabolitos ativos na lesão, especialmente com a aspirina (Hawkey-Langman, 2003).

GASTRITE CRÓNICA

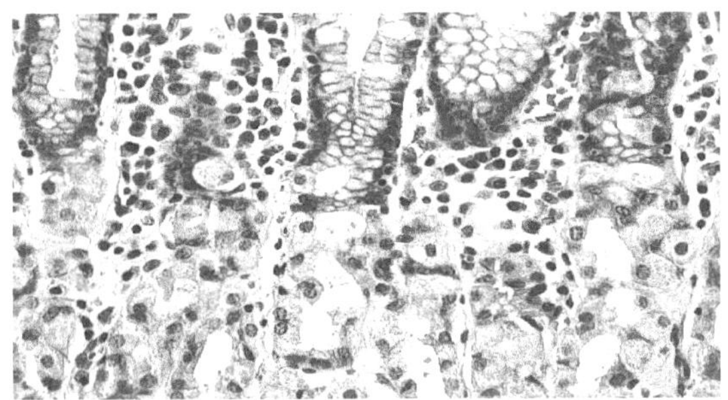

Figura n.º 4 Gastrite superficial crónica. Coloração H-E Fonte:
http://www.conganat.org/7congreso/trabajo.asp?id_trabajo=521&tipo=1

O termo gastrite crónica implica a existência de um infiltrado inflamatório na mucosa gástrica (Zhang, 2005). A descoberta histórica de que o H pylori está implicado na etiologia da maioria dos casos faz repensar conceitos previamente estabelecidos (Zhang, 2005).

Gastrite erosiva crónica - A gastrite erosiva é uma forma de gastrite em que a ulceração ocorre na camada mais profunda do revestimento do estômago. Este tipo de gastrite afecta pessoas de diferentes idades, sendo mais comum nos homens do que nas mulheres (Zhang, 2005).

Está intimamente relacionada com o uso frequente de AINE (anti-inflamatórios não esteróides), álcool, presença de Helicobacter Pylori, tabagismo, etc. Estas erosões podem ser superficiais ou profundas, têm geralmente uma forma circular e podem sangrar, deixando o doente em risco de desenvolver anemia ou perfuração (Zhang, 2005).

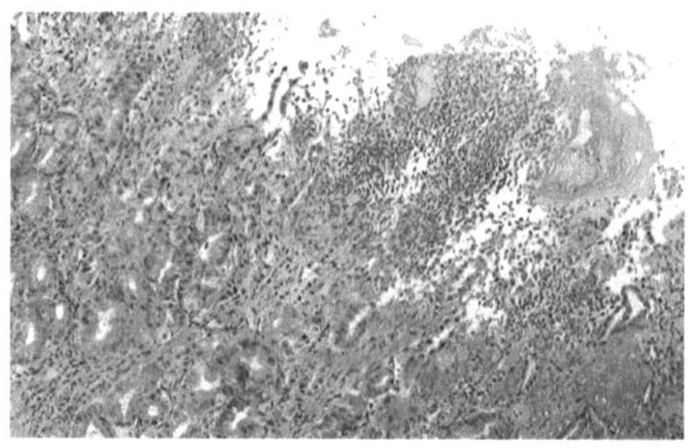

Figura n.º 5 Gastrite erosiva crónica. Coloração H-E Fonte:
http://www.conganat.org/7congreso/trabajo.asp?id_trabajo=521&tipo=1

Gastrite crónica não atrófica - Histologicamente, existe um infiltrado inflamatório sem destruição ou perda de glândulas gástricas (Zhang, 2005).

Gastrite crónica superficial - apresenta um infiltrado inflamatório linfoplasmocitário em banda, que ocupa a porção superficial da mucosa gástrica em fóveas e pescoços glandulares. Não é considerada uma patologia propriamente dita, mas representa a fase inicial de outras formas de gastrite crónica e está associada à ingestão de álcool, a certos alimentos condimentados, a medicamentos e à infeção por H. pylori (Zhang, 2005).

A gastrite antral difusa é caracterizada por uma inflamação linfoplasmocitária densa que cobre toda a espessura da mucosa antral, expande a lâmina própria e separa as glândulas gástricas, dando a falsa aparência de perda e atrofia glandular, podendo haver folículos linfóides proeminentes, que são denominados gastrite folicular. Este tipo de

26

gastrite é encontrado em quase todos os casos de úlcera duodenal ou pilórica e o principal agente etiológico é o H pylori (Zhang, 2005).

Gastrite química ou de refluxo. - É considerada um subtipo clínico-patológico especial de gastrite não atrófica. Ocorre em doentes com anastomose pós-gastrectomia ou que apresentam refluxo duodeno-gástrico persistente causado pela presença de sais biliares que, combinados com isolecitina e enzimas pancreáticas, danificam a mucosa gástrica. Histologicamente, há edema do estroma, expansão e tortuosidade dos espaços foveolares, congestão vascular, infiltrado inflamatório esparso (Zhang, 2005).

GASTRITE ATRÓFICA

Este grupo consiste em duas entidades nosologicamente distintas, nas quais há redução e perda de glândulas gástricas (Zhang, 2005).

Gastrite atrófica corporal difusa - caracteriza-se pela perda (atrofia) das glândulas oxínticas do corpo e fundo gástricos, com maior envolvimento das células principais e parietais (produtoras de ácido e fator intrínseco) (Zhang, 2005).

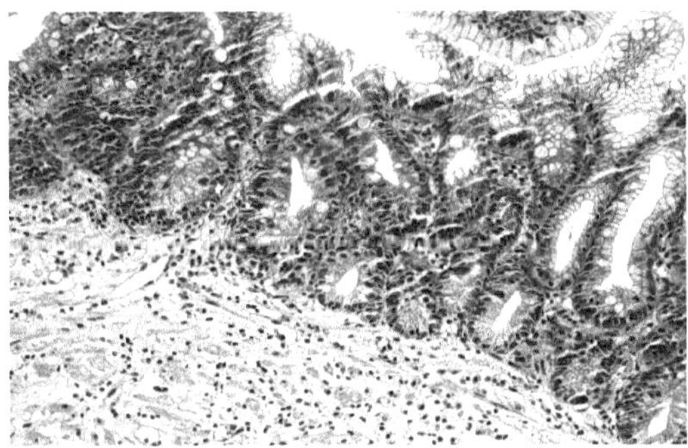

Figura n.º 6 Gastrite atrófica crónica. Coloração H-E Fonte:
http://www.conganat.org/7congreso/trabajo.asp?id_trabajo=521&tipo=1

É progressiva e conduz a uma atrofia epitelial grave com metaplasia intestinal extensa e apresenta um risco elevado de desenvolvimento de lesões neoplásicas malignas com origem no território metaplásico, com uma associação mínima com úlceras gástricas (Zhang, 2005).

A gastrite crónica atrófica multifocal distribui-se por todos os continentes e tipos raciais, e a sua presença coincide com a distribuição geográfica de populações com elevado risco de úlcera gástrica e cancro gástrico. Histologicamente, apresenta focos independentes, com distribuição irregular da atrofia glandular e presença de metaplasia, que pode ser de fenótipo maduro, também chamada de tipo I, metaplasia completa ou metaplasia do intestino delgado, ou de fenótipo imaturo, chamada de metaplasia incompleta ou metaplasia do intestino grosso (Jm-Blasco, 2005).

Gastrite crónica folicular - A principal caraterística da gastrite crónica folicular é a reação inflamatória que define um infiltrado de células mononucleares, sendo as principais os monócitos, e, ao mesmo tempo, a formação de folículos linfóides com um centro germinativo (De Weerth-Gocht-Seewald-Brand, 2002).

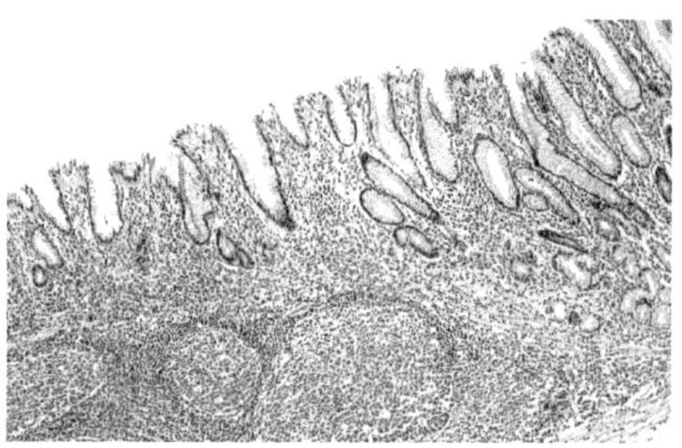

Figura No.7 Gastrite atrófica crónica. Coloração H-E Fonte:
http://www.conganat.org/7congreso/trabajo.asp?id_trabajo=521&tipo=1

A gastroenterite eosinofílica é uma doença rara e mal compreendida, caracterizada pela infiltração difusa ou segmentar de alguma parte do trato alimentar com eosinófilos maduros, geralmente acompanhada de eosinofilia periférica. A doença afecta uma ou mais camadas do estômago, do intestino delgado ou do cólon, com as síndromes clínicas resultantes de vómitos crónicos (gastroenterite eosinofílica), (Sainz e Rodriguez, 2004), diarreia crónica do intestino delgado (enterite eosinofílica), diarreia crónica do intestino grosso (colite eosinofílica) ou qualquer combinação destas (Wolfe, 2002).

2.5 NEOPLASIAS QUE AFECTAM O SISTEMA GASTROINTESTINAL .

Em 1983, Marshall e Warren comunicaram à comunidade científica a descoberta, no estômago de doentes com gastrite e úlcera péptica, de uma bactéria espiralada Gram-negativa a que chamaram organismo *semelhante ao Campylobacter* e que hoje é conhecida como *Helicobacter pylori* (Ramirez-Ramos-Gilman, 2004).

Esta comunicação foi recebida com grande ceticismo, pois até então afirmava-se que "nenhum microrganismo poderia sobreviver no estômago, devido ao pH gástrico ácido, existindo apenas a possibilidade de passagem de germes e que os microrganismos descritos por estes autores australianos se deviam a contaminação", (Ramírez-Ramos-Gilman, 2004).

Passou quase uma década de descrença e controvérsia até que a evidência acumulada durante esse tempo sobre o papel patogénico desta bactéria na natureza multifatorial das úlceras pépticas, gástricas e duodenais levou o Congresso Mundial de Gastrenterologia, realizado na Austrália em 1990, a recomendar "a erradicação da *Helicobacter pylori* em todos os pacientes com úlceras gástricas ou duodenais em que a sua presença foi demonstrada" (Ramírez-Ramos-Gilman, 2004).

A partir de então, houve uma explosão de comunicações sobre os resultados da investigação em vários domínios: microbiologia, biologia molecular, epidemiologia, mecanismos de patogenicidade, métodos de diagnóstico, esquemas de tratamento, recorrência, reinfeção e vacinação (Ramirez-Ramos-Gilman, 2004).

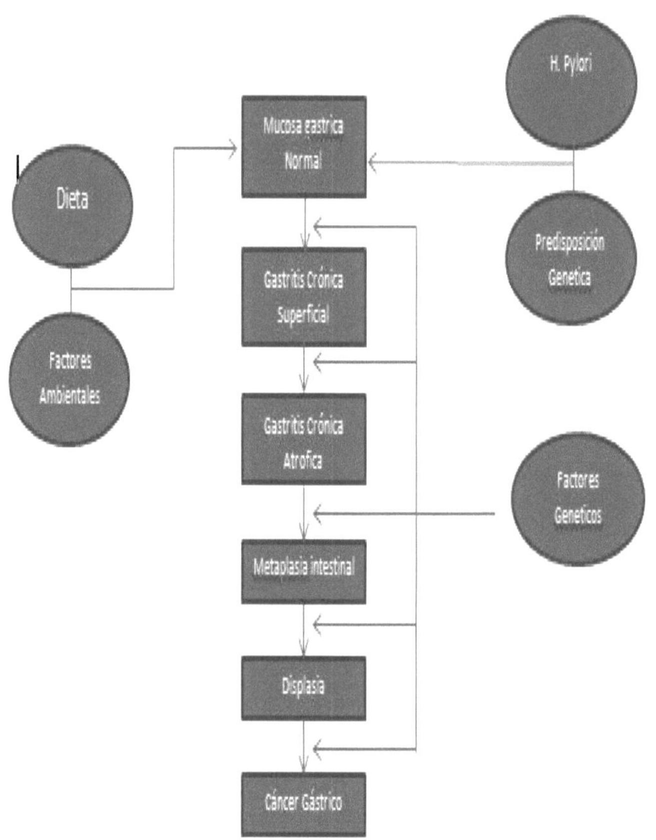

Figura nº 8. Hipótese da génese do cancro gástrico associado à infeção Fonte: Farreras-Rozman, 2000.

Por outro lado, perante a heterogeneidade dos resultados da investigação em cada um destes campos e, consequentemente, as controvérsias daí resultantes, foram iniciados consensos para unificar critérios sobre a ação patogénica, métodos de diagnóstico, esquemas de tratamento, entre outros aspectos: Consenso do US National Institutes of Health (1994), Consenso Latino-Americano (1999), Consenso de Maastricht (1997, 1998 e 1999), Consenso do American College of Gastroenterology (2002), (Ramirez-

Ramos-Gilman, 2004).

É hoje aceite que a infeção por esta bactéria desempenha um papel importante na génese da gastrite, da úlcera péptica duodenal, da úlcera péptica gástrica, do cancro gástrico e do linfoma do tipo MALT. Quanto ao papel que *a Helicobacter pylori* pode desempenhar na etiopatogénese multifatorial do cancro gástrico, foram publicadas muitas "provas epidemiológicas" e postuladas várias hipóteses para o explicar (Ramirez-Ramos-Gilman, 2004).

Por outro lado, foram expostos vários dos chamados "enigmas" ou variações geográficas. Considera-se que, de um ponto de vista epidemiológico, não é difícil tirar conclusões estatisticamente sustentadas. O que é geralmente difícil é explicar satisfatoriamente estas relações, o que é também o caso da relação *Helicobacter pylori* - cancro gástrico - epidemiologia (Ramirez-Ramos-Gilman, 2004).

2.6 METAPLASIA INTESTINAL

A metaplasia intestinal é um processo comum, especialmente em áreas com uma elevada incidência de cancro gástrico.

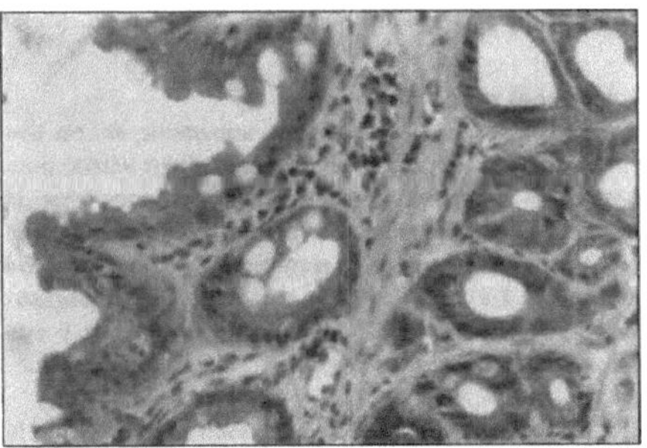

Figura n.º 9. Metaplasia intestinal completa. Coloração H-E Fonte:
http://www.conganat.org/7congreso/trabajo.asp?id_trabajo=521&tipo=1

Estima-se que 10-20 anos após o diagnóstico de metaplasia intestinal, apenas 10% dos doentes desenvolverão adenocarcinoma do estômago. É frequente a coexistência entre a metaplasia intestinal, sobretudo do tipo III, e o carcinoma gástrico, sobretudo do tipo glandular (Correa-Coello-Duque 1999).

A metaplasia intestinal foi dividida em três grupos: tipo I ou completa, que tem dois grupos: tipo IA da mucosa do intestino delgado e tipo IB da mucosa do cólon; tipo II ou incompleta, que por sua vez é subdividida em dois grupos: tipo IIA (mucoproteína-mucosa gástrica) e tipo IIB (sialomucina-mucosa do intestino delgado); e tipo III, que também é incompleta (sulfomucina-mucosa do cólon). A metaplasia extensa tem um maior risco de malignização e pode ser reversível, como foi observado após a erradicação da H. pylori (Correa-Coello-Duque 1999).

2.7 NITRATOS E NITRITOS

Para além de nos fornecer NA pré-formada, a alimentação pode também ser o ponto de entrada de nitratos e nitritos, que são substratos para a formação de NA endógena. Os legumes fornecem cerca de 80% da ingestão diária de nitratos, sendo a concentração mais elevada encontrada na beterraba, no aipo, no rabanete, na acelga e nos espinafres (Walters, 1992).

Embora exista uma variabilidade consoante o tipo de fertilizantes utilizados no seu cultivo. A água potável dos poços pode ser uma fonte importante, dependendo do teor de nitratos do solo. Nalguns países, estima-se que 10% da ingestão de nitratos provém da água (Sugimura, 2000).

Os nitritos têm duas fontes principais: 40% provêm de vegetais frescos ou conservados, e o restante de carne e cereais curados e conservados (Cornee-Lairon-Velema, 1992). Os nitritos têm propriedades bactericidas e o nitrito de sódio é utilizado como conservante na prevenção do botulismo, especialmente durante o processo de cura da carne (Walters, 1992). Nalguns países, a ingestão média foi estimada em 1,9 mg por pessoa e por dia (Cornee-Lairon-Velema, 1992).

Até à data, não existem estudos que estimem o nível de exposição alimentar da população. O nitrato (NO3 -) é reduzido a nitrito (NO2) por bactérias na saliva e também no estômago (Ralt-Tannenbaum, 1981). Aproximadamente 25 % do nitrato ingerido recircula na saliva, e 20 % deste é convertido em nitrito. Do nitrito que chega ao estômago, 20% provém dos alimentos, enquanto 80% provém da redução do nitrato na saliva (Suzuki-Iljima, 2003).

A formação de nitritos a partir de nitratos tem lugar no estômago e aumenta com o aumento do pH, que ocorre como consequência da infeção crónica por *Helicobacter pylori*. Em circunstâncias específicas, como a gastrite crónica, os nitritos podem ser oxidados no estômago em agentes nitrosantes (N2O3, N2O4) e reagir com aminas secundárias para formar N-nitrosocompostos. A formação endógena é responsável por 45-75% da exposição total a NOC (Suzuki-Iljima, 2003).

O ácido ascórbico (AA) é uma vitamina solúvel em água e um potente agente redutor. O AA é segregado no suco gástrico e desempenha um papel importante na prevenção da nitrosação. Fá-lo competindo com as aminas secundárias através da acidificação do nitrito. Nesta reação, o nitrito acidificado é reduzido a ON (óxido nítrico) e o AA é oxidado a ácido dehidroascórbico. Existem dois mecanismos que envolvem o ON e o AA na nitrosação (Suzuki-Iljima, 2003).

A primeira envolve a produção de elevadas concentrações de ON na luz a partir da reação entre o nitrito da saliva e o AA do suco gástrico. Este ON difunde-se no epitélio e nas células, formando espécies nitrosantes que podem danificar diretamente o ADN (Wink-Fellisch, 1999). O segundo mecanismo envolve a geração de espécies nitrosantes no lúmen devido à acidificação do nitrito pela baixa concentração de AA (Suzuki-Iljima, 2003).

Estas espécies nitrosantes reagem com compostos azotados para formar NOC. O primeiro mecanismo é favorecido pela presença de AA, o segundo pela sua ausência. Tudo depende das condições ambientais presentes na altura. Assim, as alterações de pH que ocorrem nos processos inflamatórios podem influenciar um mecanismo em detrimento do outro. Ambos os mecanismos podem atuar no mesmo local, mas não simultaneamente (Suzuki-Iljima, 2003).

Diz-se também que a dieta pode introduzir nitritos e compostos N-nitroso que podem levar a hipocloridria devido à atrofia das células parietais com consequente sobrecrescimento bacteriano, o que, juntamente com a metaplasia, aumenta o risco de cancro gástrico (Suzuki-Iljima, 2003).

A deteção de níveis elevados de nitritos na saliva salivar deglutida é rapidamente convertida em óxido nítrico e ocorre uma reação química catalisada por ácido na junção gastro-esofágica, levando a inflamação, metaplasia e, subsequentemente, neoplasia (Lijima-Shimosegawa, 2006).

Factores dietéticos e ambientais

Existe uma forte relação entre a incidência de cancro gástrico e uma dieta com um elevado consumo de sal e pobre em fruta e legumes frescos, pobre em vitaminas A, C e E e em micronutrientes (selénio), bem como métodos de conservação com um possível efeito cancerígeno, como o fumo, a salga e a decapagem (Correa-Coello-Duque, 1999).

O cancro gástrico também tem sido associado à concentração de nitritos na alimentação e na água potável. As bactérias presentes na boca e no estômago reduziriam os nitritos a nitratos que poderiam levar à formação de nitrosamidas e nitrosaminasçonhecidas por serem mutagénicas e oncogénicas. A hipoacidez gástrica, a carência de vitaminas C e E e a contaminação bacteriana dos alimentos de baixa qualidade consumidos pelas camadas mais pobres da população actuariam a favor deste mecanismo (Correa-Coello-Duque, 1999).

O perigo do nitrato, uma substância que não é tóxica em si mesma, reside na sua transformação química em nitrito, que ocorre em parte durante o metabolismo humano. Este nitrito pode reagir no meio ácido do estômago com as aminas, substâncias obtidas a partir do metabolismo dos alimentos proteicos (carne, peixe, ovos, leite e derivados destes alimentos), dando origem às nitrosaminas, que são agentes cancerígenos (Correa-Coello-Duque, 1999).

O pH ácido do estômago favorece a formação de N-nitrosaminas a partir de nitritos e aminas secundárias, uma vez que se observou que os nitritos, na presença de condições ácidas no estômago, efectuam nitrosação. Algumas bactérias são também produtoras de enzimas nitratoredutase, capazes de reduzir quantidades consideráveis de nitrato a N-nitrosaminas (Correa-Coello-Duque, 1999).

Esta catálise bacteriana pode ser desencadeada por bactérias desnitrificantes como a *Pseudomonas aeruginosa*, *a Neisseria* e bactérias não desnitrificantes como a *Escherichia coli*, capazes de aumentar a biossíntese de compostos N-nitroso no estômago (Correa-Coello-Duque, 1999).

Outros factores ambientais, como o consumo de álcool e tabaco, não estão bem associados ao desenvolvimento do cancro gástrico. Também não foi demonstrado o desenvolvimento de adenocarcinoma do estômago após a administração prolongada de medicamentos anti-secretores, como os antagonistas H2 ou os inibidores da bomba de protões (Correa-Coello-Duque, 1999).

O ácido ascórbico pode bloquear esta reação de nitrosação. Em relação a esta ação do ácido ascórbico, foi observada uma diminuição do nível de ácido ascórbico no suco gástrico na gastrite crónica com pH elevado e na infeção por Helicobacter pylori (Correa-Coello-Duque, 1999).

Do mesmo modo, os doentes com metaplasia intestinal apresentam níveis séricos baixos de ácido ascórbico em comparação com os doentes saudáveis. Por outro lado, observou-se que a ingestão de ácido ascórbico está associada a uma diminuição do risco de cancro gástrico (Correa-Coello-Duque, 1999).

O nível de exposição individual às nitrosaminas (NA) depende da dieta, do estilo de vida e da atividade profissional de cada indivíduo. A exposição pode ocorrer de forma exógena, através da ingestão de NAs pré-formadas presentes nos alimentos, do consumo de tabaco e/ou da exposição profissional, ou de forma endógena, quando as NAs são sintetizadas no organismo a partir de precursores alimentares (Han-Peura, 2008).

2.8 INTRODUÇÃO À ENDOSCOPIA DIGESTIVA ALTA

A endoscopia digestiva como método de diagnóstico e tratamento de doenças digestivas existe há 120 anos. Embora os primeiros endoscópios tenham sido descritos em 1868, a nova era da endoscopia digestiva surgiu em 1957 com o aparecimento dos endoscópios de fibra ótica (L-Abreu, 2006).

Este avanço tecnológico significou uma revolução positiva no tratamento dos pacientes com doenças do aparelho digestivo. Em pouco mais de quarenta anos, a endoscopia desenvolveu-se a tal ponto que os tratados médicos tiveram de ser revistos para atualizar o diagnóstico e o tratamento de muitas doenças (L-Abreu, 2006).

2.8.1 ANATOMIA ENDOSCÓPICA DO ESTÔMAGO

A orientação endoscópica no estômago é a seguinte: A curvatura menor está localizada às 12 horas; a curvatura maior às 6 horas; a parede anterior às 9 horas; e a parede posterior às 3 horas. As regiões da cavidade gástrica são descritas de seguida (Naylor-Axon, 2003).

a) **Fundo de olho.** É a área localizada acima de uma linha traçada transversalmente à cárdia; é explorada com endoscopia em retroflexão, aparecendo como uma área em continuidade com a cárdia e anterior a ela, com morfologia convexa e mucosa plana sem pregas (L-Abreu, 2006).

O padrão vascular submucoso é claramente visualizado sem implicar atrofia da mucosa (ao contrário do que acontece no corpo gástrico), sendo composto por capilares e mesmo veias fúndicas rectilíneas e pouco proeminentes (o que as diferencia das varizes fúndicas da hipertensão portal), (L-Abreu, 2006).

Na porção mais distal do fundo do estômago, na sua junção com a curvatura maior, acumulam-se secreções gástricas, dando origem à chamada cascata gástrica ou lago mucoso. A presença de bílis na cascata gástrica é constante em estômagos operados e é muito frequente em doentes colecistectomizados, mas no resto dos casos tem um significado clínico inespecífico (L-Abreu, 2006).

b) **Corpo gástrico.** É delimitado proximalmente pelo fundo do estômago e distalmente por uma linha traçada transversalmente à incisura angular. Este limite inferior corresponde normalmente ao ponto em que a mucosa rugosa se transforma em mucosa plana. A principal caraterística do corpo gástrico é a presença de pregas gástricas, mais proeminentes na curvatura maior do que na curvatura menor (L-Abreu, 2006).

c) **Incisura angular.** Localiza-se na curvatura menor e separa o corpo gástrico do antro. É melhor visualizada em retroflexão e apresenta-se como uma prega simétrica irregular de 5 a 10 mm com uma superfície lisa. A sua correta avaliação é importante, pois é um local frequente de patologia ulcerosa (L-Abreu, 2006).

d) **Antro.** Apresenta uma variedade morfológica importante. O antro pode ser curto (<3 cm) ou longo (>10 cm), pode ter um eixo paralelo ao do corpo gástrico ou desviar-se anteriormente.

ou mais tarde, podem ser observadas pregas antrais proeminentes, inespecíficas em si mesmas, em 10 % dos doentes (L-Abreu, 2006).

2.8.2   PRINCIPAIS CAUSAS PARA PARA UMA ENDOSCOPIA GASTROINTESTINAL ALTA

DYSPEPSIA

Trata-se de um sintoma muito frequente, que constitui a principal razão para solicitar uma endoscopia oral. Devido às diferentes interpretações deste termo e para evitar confusões, em 1997 foi definido em Maastricht como dor ou desconforto localizado na parte superior do abdómen, incluindo náuseas e vómitos, saciedade precoce, regurgitações ou inchaço epigástrico, mas não azia ou disfagia (García-Conde-Merino, 1995).

A prevalência de sintomas dispépticos na população em geral varia entre 14% e 41%, com grandes variações geográficas (Garcia-Conde-Merino, 1995).

DOENÇA DO REFLUXO GASTRO-ESOFÁGICO (ERGE)

Consiste em alterações histológicas do esófago em doentes com sintomas de refluxo. O principal sintoma do refluxo gastro-esofágico é a azia ou sensação de queimadura retro-esternal, que ocorre pelo menos uma vez por mês em 40 % da população em geral. A prevalência de esofagite nestes doentes foi estimada em 3-7% com uma incidência de 120/100.000 hab/ano (Garcia-Conde-Merino, 1995).

ESÓFAGO DE BARRETT

Consiste na substituição do epitélio escamoso do esófago distal, numa extensão de 3 ou mais centímetros, por epitélio colunar metaplásico, como consequência de um refluxo gastro-esofágico de longa duração. Estes doentes têm um risco mais elevado de desenvolver adenocarcinoma do esófago do que a população em geral (Garcia-Conde-Merino, 1995).

DOR TORÁCICA ATÍPICA

É definida como a existência de dor a nível torácico sem evidência de envolvimento coronário. O mecanismo exato da dor não é conhecido, mas tem sido postulado que os quimio, termo ou mecanorreceptores são estimulados por ácido ou pepsina, distensão ou temperatura, respetivamente.

As principais causas de dor são o refluxo gastro-esofágico e as perturbações da motilidade, mas é importante notar que uma endoscopia normal não exclui uma causa esofágica de dor torácica (Garcia-Conde-Merino, 1995).

DISFAGIA E ODINOFAGIA

A disfagia consiste na dificuldade ou atraso na deglutição, distinguindo-se duas formas: a disfagia orofaríngea, que denota dificuldade em transferir o bolo alimentar da orofaringe para o esófago superior e que se deve geralmente a uma causa neurológica, e a disfagia esofágica secundária a perturbações do corpo do esófago. A odinofagia ou dor ao engolir sugere inflamação ou espasmo da mucosa, sendo as principais causas: ingestão de cáusticos, esofagite de qualquer causa e infecções (cândida, herpes ou citomegalovírus), (García-Conde-Merino, 1995).

HEMORRAGIA GASTROINTESTINAL SUPERIOR

A hemorragia digestiva alta (HIG), manifestada por hematémese, melena ou hematoquezia, é um problema muito comum. A principal causa é a úlcera péptica, seguida das varizes esofágicas e das neoplasias (L-Abreu, 2006).

Os sinais clínicos dos doentes com doença inflamatória intestinal variam de acordo com a gravidade e a localização da infiltração celular. Os doentes com envolvimento da mucosa do intestino delgado e gástrica apresentam geralmente vómitos crónicos, perda de peso e diarreia, enquanto os doentes com envolvimento da mucosa do intestino grosso podem apresentar tenesmo crónico, defecação frequente, hematoquezia e muco nas fezes (Rojo, 2003).

DEFINIÇÃO DE PALAVRAS-CHAVE

CLORIDRIA. Falta de ácido clorídrico nas secreções gástricas.

ATROFIA. É a diminuição do tamanho das células devido à perda de substância celular **ENDOSCOPIA.** É uma técnica diagnóstica e terapêutica, utilizada sobretudo em medicina, que consiste na introdução de uma câmara ou de uma lente no interior de um tubo ou endoscópio através de um orifício natural, de uma incisão cirúrgica, de uma lesão para a visualização de um órgão oco.

ENDOSCOPIAADIGESTIVAENDOSCOPIAADDIAGNÓSTICO ADIÇÃO TERAPÊUTICA   .

Visualiza o esófago, o estômago e o duodeno. Detecta cancros nestas regiões, é o estudo de eleição na hemorragia gastrointestinal alta, entre outras utilidades.

METAPLASIA. Alteração reversível em que uma célula de tipo adulto (epitelial ou mesenquimal) é substituída por outra célula de tipo adulto.

3.- MATERIAIS E MÉTODOS

3.1. MATERIAIS

3.1.1. LOCAL DA INVESTIGAÇÃO

O estudo foi realizado no **Hospital Oncológico SOLCA CHIMBORAZO**, na cidade de Riobamba.

3.1.2. PERÍODO DA INVESTIGAÇÃO

O período de investigação foi de setembro de 2012 a janeiro de 2013.

3.1.3. RECURSOS UTILIZADOS

3.1.3.1. Recursos Humanos

- O investigador.
- Tutor
- Especialista em Gastroenterologia.
- Enfermeiro auxiliar
- Médico especialista em Anatomia Patológica

3.1.3.2. Recursos físicos.

- Álcool potável
- Canetas.
- Técnica de coloração H-E
- Computador portátil
- Lâminas descartáveis (marca *Leyca*)
- Dormicum - Midazolam (Sedação do paciente)

- Entellan (resina para montagem de placas)
- Eosina
- Etanol absoluto
- Formalina tamponada a 10%
- Gelatina p.a
- Agrafador.
- Luvas
- Hematoxilina
- Impressora.
- Laboratório de Patologia Solca Riobamba.
- Máscaras
- Papel de filtro
- Placas de cobertura 24x40mm
- Placas de objectos
- Resma de papel de carta.
- Tinta para a impressora.
- Tiras de nitritos (COMBUR TEST)
- Tiras de pH
- Copos de 250 ml
- Xileno

3.1.3.3 Equipamento

- Armários de arquivo para blocos de parafina e lâminas
- Banho de flutuação
- Bain Marie
- Cubetas para colorir
- Distribuidor de parafina
- Fogão

- Gastroscópio
- Microscópio
- Micrótomo
- Frigorífico, congelador
- Placas de aquecimento
- Processador de tecidos

3.1.4. UNIVERSO

O universo foi constituído por todos os pacientes admitidos no serviço de gastroenterologia do **Hospital SOLCA RIOBAMBA** durante o período de investigação de setembro de 2012 a janeiro de 2013. (105 pacientes).

3.1.5. AMOSTRA

A amostra era constituída por todos os doentes com hipocloridria e nitritos na mucosa gástrica (36 doentes).

3.2. MÉTODOS

3.2.1. TIPO DE INVESTIGAÇÃO

- Descritivo
- Experimental

3.2.2. CONCEPÇÃO DA INVESTIGAÇÃO

A conceção da investigação foi não-experimental.

Protocolo de amostragem

- O doente deve estar em jejum durante pelo menos 8 horas antes do exame.

- O auxiliar de enfermagem mede os sinais vitais (tensão arterial, temperatura, pulso).

- O médico solicita que seja administrada ao doente a dose recomendada de dormicum (midazolam) para pseudoanalgesia.

- Uma vez o doente sedado, o médico introduz o gastroscópio, avalia o esófago, a laringe e chega ao estômago (corpo, fundo).

- Aqui, com a introdução do gastroscópio, o doente começa a eliminar o refluxo e a amostra é recolhida num recipiente esterilizado para detetar a presença de nitritos e avaliar o pH.

- De seguida, o médico recolhe uma amostra da lesão (biópsia), a parte mais representativa.

- A biópsia é fixada em formalina tamponada (24 horas) e depois entra na bateria de processamento.

- Depois disso, a biópsia é preparada (secção histológica), corada e a placa está pronta para ser diagnosticada pelo patologista.

- Os resultados foram registados numa folha de produção diária, a fim de manter um controlo mensal e criar uma base de dados (anexo 1).

- Os doentes positivos para acloridria e nitritos foram acompanhados com estudo histopatológico da biopsia e os resultados foram correlacionados para tabulação.

4. RESULTADOS E DISCUSSÃO

PERCENTUAL DE PACIENTES CLASSIFICADOS POR SEXO QUE REALIZARAM ENDOSCOPIA DIGESTIVA ALTA. SOLCA CHIMBORAZO. SETEMBRO DE 2012 - JANEIRO DE 2013.

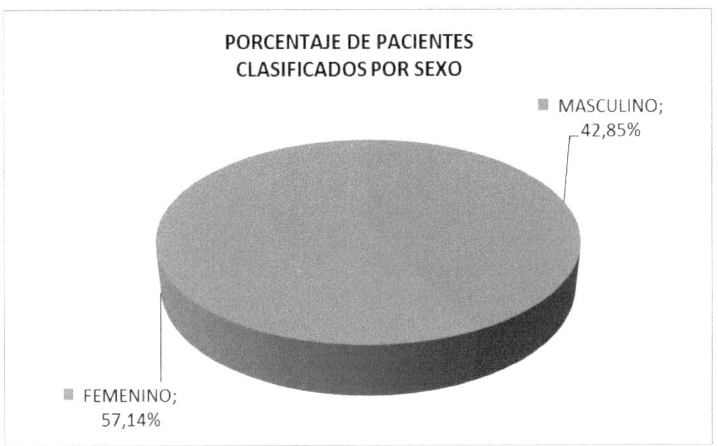

Gráfico nº 1. Pacientes classificados por sexo que foram submetidos a endoscopia digestiva alta. Solca- Chimborazo entre setembro de 2012 e janeiro de 2013.

De um total de 105 pacientes atendidos durante este estudo, 60 eram do sexo feminino com um total de 57,14% e 45 eram do sexo masculino com 42,85%, todos eles com queixas do trato digestivo.

PERCENTAGEM DE PACIENTES POR FAIXA ETÁRIA QUE FORAM SUBMETIDOS A ENDOSCOPIA DIGESTIVA ALTA. SOLCA CHIMBORAZO. SETEMBRO DE 2012 - JANEIRO DE 2013.

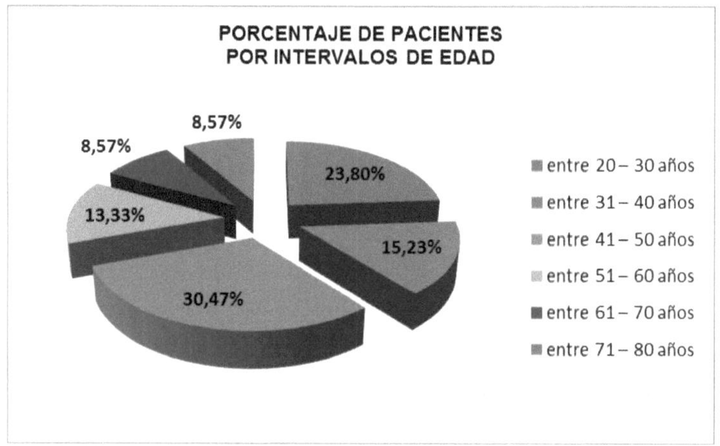

Gráfico nº 2.   Pacientes classificados por faixa etária que foram submetidos a endoscopia digestiva alta. Solca-Chimborazo entre setembro de 2012 e janeiro de 2013.

Da maioria dos pacientes analisados neste estudo, destaca-se o grupo entre os 41 e os 50 anos com um total de 30,47%, depois o grupo entre os 20 e os 30 anos com um total de 15,23% e a menor incidência entre os 61 e os 80 anos com 8,57%, pelo que se pode afirmar que em qualquer faixa etária estão presentes lesões com desconforto gástrico, o que se deve determinar é o fator predominante nas causas das mesmas. Nas fases mais precoces, as lesões gástricas estão associadas a poucos sintomas sistémicos, pelo que é aconselhável consultar um médico clínica geral perante qualquer desconforto ligeiro. O desconforto gástrico grave e a neoplasia gástrica são também descritos na literatura como sendo mais frequentes nos homens a partir dos 50 anos e aumentam com a idade.

PERCENTUAL DE PACIENTES CLASSIFICADOS POR NÍVEL DE ESCOLARIDADE QUE REALIZARAM ENDOSCOPIA DIGESTIVA ALTA. SOLCA CHIMBORAZO. SETEMBRO DE 2012 - JANEIRO DE 2013.

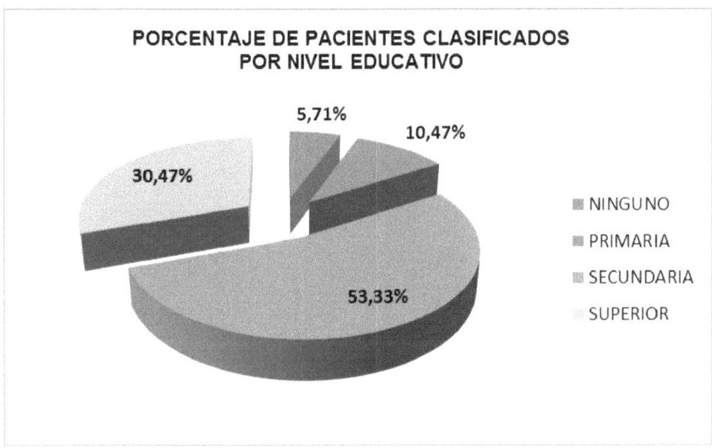

Gráfico nº 3.　　　**Pacientes classificados por nível de escolaridade que foram submetidos a endoscopia digestiva alta. Solca-Chimborazo entre setembro de 2012 e janeiro de 2013.**

Esta tabela indica que a maioria dos doentes que realizaram endoscopia digestiva alta corresponde ao grupo com ensino secundário (53,33%), seguido do ensino superior (30,47%), estabelecendo também uma correlação existente com os problemas gástricos. Dependendo dos níveis de stress e da vida agitada qepossam ter, os factores sócio-económicos também devem ser considerados, pois é aceite que as lesões pré-malignas e malignas são mais frequentes em pessoas de nível sócio-económico mais baixo.

PERCENTAGEM DE PACIENTES CLASSIFICADOS POR LOCAL DE ORIGEM QUE REALIZARAM ENDOSCOPIA DIGESTIVA ALTA. SOLCA CHIMBORAZO. SETEMBRO DE 2012 - JANEIRO DE 2013.

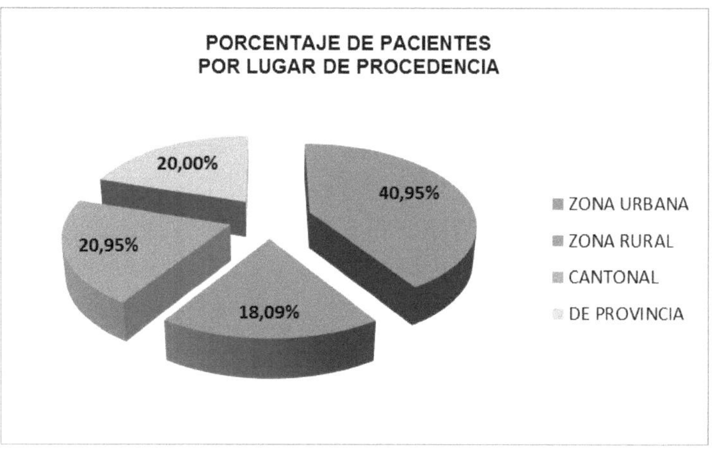

Gráfico n° 4. **Pacientes classificados por local de origem que foram submetidos a endoscopia digestiva alta. Solca-Chimborazo entre setembro de 2012 e janeiro de 2013.**

É evidente que estas diferenças territoriais não são apenas atribuídas a razões relacionadas com a qualidade do diagnóstico e do processo aplicado por cada profissional, mas são influenciadas por uma série de factores de risco que diferem nas várias populações do nosso país. Os pacientes da zona urbana, com 40,95%, juntamente com os da zona cantonal, com 20,95%, apresentam quase as mesmas condições de desconforto gastrointestinal.

PERCENTUAL DE PACIENTES CLASSIFICADOS POR FUNÇÃO EXERCIDA QUE REALIZARAM ENDOSCOPIA DIGESTIVA ALTA. SOLCA CHIMBORAZO. SETEMBRO DE 2012 - JANEIRO DE 2013.

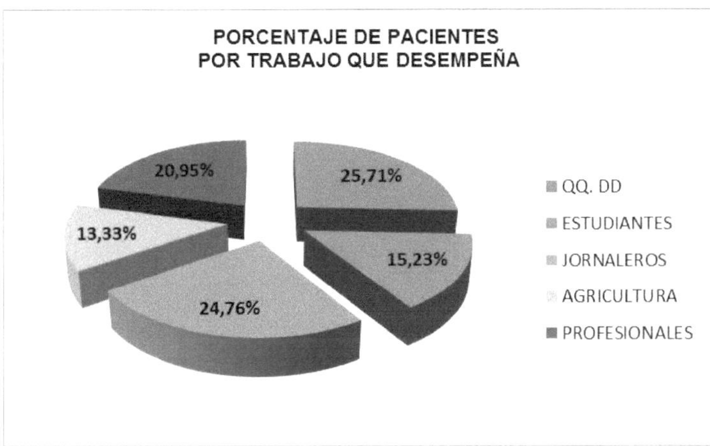

Gráfico n° 5.   Pacientes classificados por cargo ocupado que realizaram endoscopia digestiva alta. Solca-Chimborazo entre setembro de 2012 e janeiro de 2013.

Foi demonstrado que o stress relacionado com o trabalho influencia o refluxo biliar, o que pode ser observado neste gráfico, uma vez que 59,04% do total são trabalhadores, em comparação com 25,71% dos pacientes que se dedicam ao trabalho doméstico e 25,71% dos estudantes. Portanto, o componente ocupacional influencia a ocorrência de doenças gástricas.

PERCENTAGEM DE DOENTES COM NITRITOS POSITIVOS DETERMINADOS NO SUCO GÁSTRICO. EXAME DE ENDOSCOPIA DIGESTIVA ALTA. SOLCA CHIMBORAZO. SETEMBRO DE 2012 - JANEIRO DE 2013.

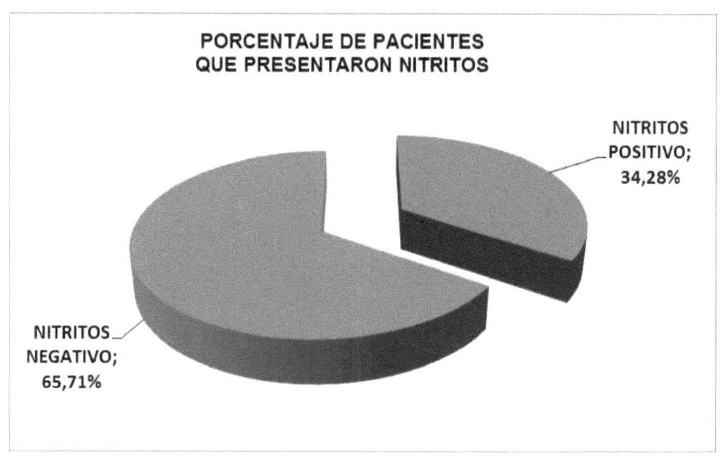

Gráfico n° 6.   Pacientes que apresentaram a presença de nitritos no suco gástrico que foram submetidos a endoscopia digestiva alta. Solca-Chimborazo entre setembro de 2012 e janeiro de 2013.

Este gráfico mostra a presença de nitritos em 36 dos doentes, ou seja, 34,28%.

% do total em comparação com 65,71 % dos pacientes com acidez gástrica normal. Este resultado é interessante e, por isso, a causa da existência destas substâncias deve ser investigada, no entanto, as tentativas de identificar os elementos da dieta relacionados com a doença e os estudos de intervenção efectuados com estes elementos têm sido muito infrutíferos. Isto não é surpreendente por duas razões: 1) a dificuldade e complexidade de medir a composição exacta destes elementos, uma vez que podem ser adicionados produtos com efeitos opostos no mesmo alimento; 2) a dieta é outro fator ambiental a ser avaliado no ambiente do paciente e no contexto da suscetibilidade genética, o que exigiria uma estimativa mais detalhada do seu impacto nas lesões do trato digestivo.

PERCENTAGEM DE DOENTES COM HIPOCLORIDRIA OU ACLORIDRIA DETERMINADA NO SUCO GÁSTRICO. EXAME DE ENDOSCOPIA GASTROINTESTINAL ALTA. SOLCA CHIMBORAZO. SETEMBRO DE 2012 - JANEIRO DE 2013.

Gráfico nº 7.   Pacientes que apresentaram hipocloridria no suco gástrico submetidos à endoscopia digestiva alta. Solca-Chimborazo entre setembro de 2012 e janeiro de 2013.

Este gráfico mostra que, dos doentes atendidos no serviço de endoscopia durante o período de estudo, 60% tinham um pH baixo, o que é normal, mas 40% tinham um pH alcalino, o que indica que estes doentes sofrem de acloridria. Sabe-se que a presença de refluxo, de *Helicobacter pylori* ou de ambos no estômago provoca um processo inflamatório na mucosa gástrica que evolui em várias fases, dependendo das caraterísticas do refluxo, da densidade e da patogenicidade da bactéria. É por isso que alguns autores referem que as lesões histológicas observadas em amostras de biopsia em doentes com refluxo gástrico com ou sem a presença de *Helicobacter pylori* podem apresentar caraterísticas diferentes.

PERCENTAGEM DE PACIENTES CLASSIFICADOS POR SEXO QUE APRESENTAVAM PATOLOGIAS RELACIONADAS COM O pH - NITRITOS. EXAME DE ENDOSCOPIA DIGESTIVA ALTA. SOLCA CHIMBORAZO. SETEMBRO DE 2012 - JANEIRO DE 2013.

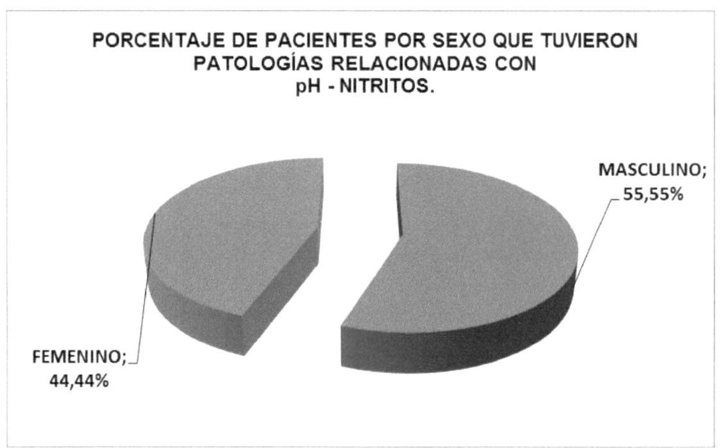

Gráfico nº 8.   Pacientes que apresentaram relação pH-nitrito submetidos à endoscopia digestiva alta. Solca-Chimborazo entre setembro de 2012 e janeiro de 2013.

Este gráfico mostra que a diferença na relação pH-nitrito entre os dois sexos não é tão acentuada; o macho com 55,55% e a fêmea com 44,44%.

% desta relação, tal como acima referido, envolvendo certos factores externos de maus hábitos de saúde, pode fazer desaparecer a azia.

NÚMERO DE PACIENTES CLASSIFICADOS POR SEXO QUE APRESENTARAM METAPLASIA INTESTINAL COMPLETA E INCOMPLETA DIAGNOSTICADA EM BIÓPSIAS OBTIDAS EM EXAME DE ENDOSCOPIA DIGESTIVA ALTA. SOLCA CHIMBORAZO. SETEMBRO DE 2012 - JANEIRO DE 2013.

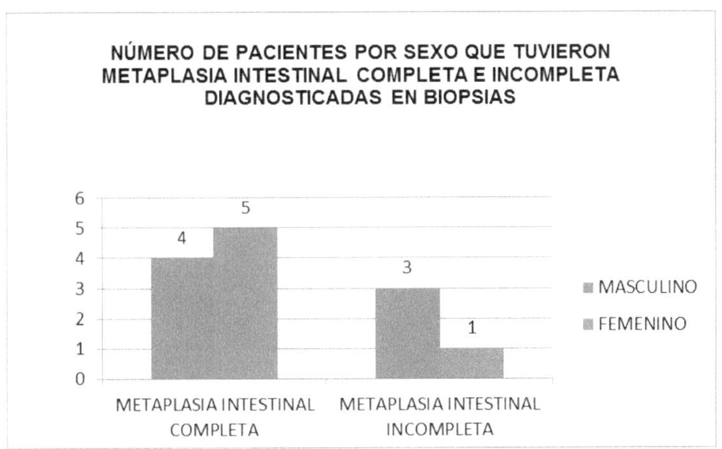

Gráfico nº 9 Pacientes classificados por sexo que apresentaram metaplasia intestinal completa e incompleta diagnosticada em biópsia que realizaram endoscopia digestiva alta. Solca-Chimborazo entre setembro de 2012 e janeiro de 2013.

No período estudado, dos 36 pacientes avaliados, 13 pacientes foram diagnosticados histologicamente com metaplasia intestinal de acordo com a classificação completa e incompleta, nestas patologias não é indicado se são focais ou difusas. A metaplasia intestinal foi mais frequentemente observada no antro gástrico, coincidindo com uma maior proporção de positividade dos nitritos. Nestes doentes, não parece haver associação entre a presença de *Helicobacter pylori* e graus intensos de metaplasia intestinal. Diferentes estudos demonstraram que a presença de metaplasia intestinal com ou sem H. pylori tem um risco 6,5 vezes superior de desenvolver cancro gástrico. Existem dados que sugerem que as lesões gástricas e a metaplasia surgem de diferentes linhagens celulares, pelo que a metaplasia pode ser uma lesão precursora, mas sim um marcador de risco acrescido.

NÚMERO DE PACIENTES CLASSIFICADOS POR SEXO QUE APRESENTARAM FIBROSE E DIMINUIÇÃO DOS NÚCLEOS GLANDULARES DIAGNOSTICADOS EM BIÓPSIAS OBTIDAS EM EXAME DE ENDOSCOPIA DIGESTIVA ALTA. SOLCA CHIMBORAZO. SETEMBRO DE 2012 - JANEIRO DE 2013.

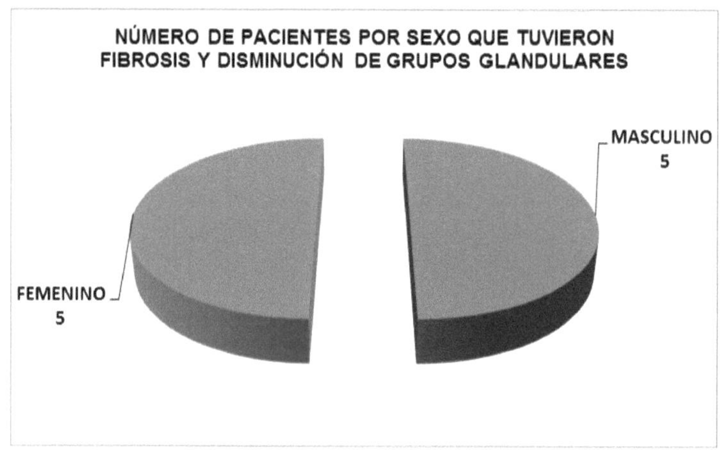

Gráfico nº 10 Pacientes que apresentaram fibrose e diminuição dos núcleos glandulares diagnosticados na biópsia que foram submetidos à endoscopia digestiva alta. Solca- Chimborazo entre setembro de 2012 e janeiro de 2013.

O infiltrado inflamatório agudo e crónico, bem como o infiltrado inflamatório grave, está associado a uma diminuição das glândulas epiteliais. Pode dizer-se que é a causa da presença destas patologias. Este gráfico mostra que, de um total de 36 amostras analisadas, 10 doentes, ou seja, um quarto, apresentam fibrose e diminuição dos núcleos glandulares. Certos factores de risco são comuns a outras formas de lesões, pelo que, apesar da falta de provas diretas sobre o efeito que podem ter na incidência da presença de outras substâncias na mucosa gástrica, a exposição a eles deve ser limitada através da promoção de uma alimentação saudável, aumentando o consumo de frutas e legumes, reduzindo as gorduras e o sal ou alimentos conservados em sal, praticando atividade física e não fumando.

NÚMERO DE PACIENTES CLASSIFICADOS POR SEXO QUE APRESENTARAM METAPLASIA INTESTINAL COM FIBROSE E DIMINUIÇÃO DOS NÚCLEOS GLANDULARES DIAGNOSTICADOS EM BIÓPSIAS REALIZADAS EM EXAME DE ENDOSCOPIA DIGESTIVA ALTA. SOLCA CHIMBORAZO. SETEMBRO DE 2012 - JANEIRO DE 2013.

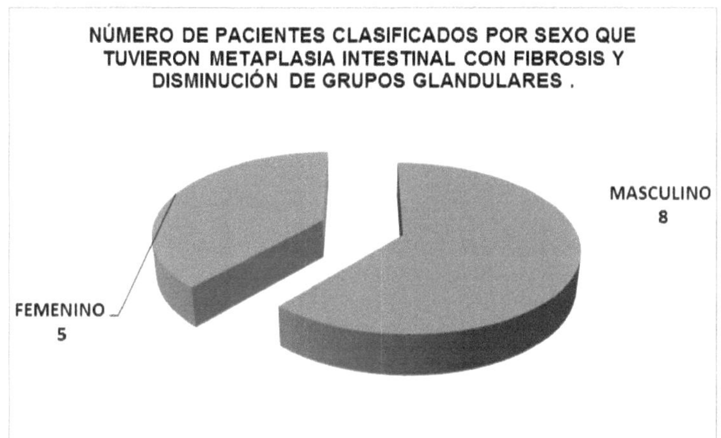

Pacientes que apresentavam metaplasia intestinal com fibrose e diminuição dos núcleos glandulares diagnosticados em biópsia e que foram submetidos a endoscopia digestiva alta. Solca-Chimborazo entre setembro de 2012 e janeiro de 2013.

Os estudos realizados sobre a concordância entre os sintomas do paciente, o diagnóstico endoscópico e a confirmação histopatológica mostraram que uma lesão gástrica (atrofia - metaplasia) pode ser diagnosticada, mesmo com base nos sintomas. Neste gráfico, a lesão é encontrada numa maior proporção de homens (8 pacientes em comparação com 5 mulheres), o que pode estar associado não só a uma diminuição da acidez, mas também a outros factores externos, como o consumo de tabaco, álcool, etc., que contribuem para uma irritação grave do aparelho digestivo.

5. CONCLUSÕES E RECOMENDAÇÕES

5.1 CONCLUSÕES

- De um total de 105 doentes analisados que realizaram endoscopia digestiva alta, 100% apresentaram sinais clínicos de envolvimento gastrointestinal, incluindo dor abdominal, náuseas, vómitos, desconforto na digestão dos alimentos, dor de estômago intermitente e refluxo. É importante referir que houve doentes com mais do que um sinal clínico.

- De acordo com os resultados obtidos, a presença de nitritos foi observada em 36 doentes (34,28 % do total) e 42 doentes apresentavam acloridria (40 %).

- Verificou-se que 36 doentes do total apresentavam patologias relacionadas com pH-nitritos, dos quais 55,55% eram do sexo masculino e 44,44% do sexo feminino.

- No período estudado, dos 36 pacientes avaliados, 13 foram diagnosticados histologicamente com metaplasia intestinal, segundo a classificação completa e incompleta, que foi mais frequentemente observada no antro gástrico, coincidindo com uma maior proporção de positividade para nitrito. Além disso, 10 pacientes apresentaram fibrose e diminuição dos núcleos glandulares.

- Foi possível determinar os doentes de acordo com o sexo, a idade, a profissão e o local de residência, que existia uma relação entre os achados macroscópicos e o resultado histopatológico e a utilidade do procedimento endoscópico. Além disso, as doenças gástricas podem ocorrer em qualquer idade e sexo.

- A elevação do pH do suco gástrico devido ao desaparecimento das células parietais foi um dos principais factores de risco responsáveis pelo desenvolvimento da metaplasia intestinal, mais ainda na presença de nitritos e de acloridria.

5.2 RECOMENDAÇÕES

- Todos os pacientes submetidos a endoscopia digestiva (superior, inferior ou ambas) devem ser enquadrados na categoria de pacientes gastrointestinais, para os quais deve ser postulado um plano de diagnóstico, incluindo: anamnese completa, exame clínico, hemograma completo, perfil bioquímico, urinálise, coproparasitológico, de forma a excluir doenças que como sinais secundários apresentem quadros gastrointestinais como doenças parasitárias, infecciosas, hepáticas, renais e outras.

- Deve ser recomendado e tido em conta que a endoscopia digestiva não é apenas diagnóstica, mas também pode ser terapêutica, como nos casos de corpos estranhos que, dependendo do tamanho e da localização do corpo, podem ser removidos sem necessidade de um procedimento cirúrgico.

- A informação e a educação do doente são basicamente um processo relacional e, por conseguinte, um processo verbal, no qual existe uma interação e uma troca de informações contínuas entre o profissional de saúde e o doente. Pode também dizer-se que o critério de informação a aplicar na relação clínica é sempre subjetivo. Cada doente deve receber toda a informação que, tendo em conta a sua situação pessoal, necessita para tomar uma decisão.

- A endoscopia é uma técnica que torna as lesões visíveis e é capaz de fornecer informações morfológicas e bioquímicas, desde que sejam efectuadas biopsias das lesões eventualmente existentes.

- Existem provas epidemiológicas suficientes para afirmar que o regime alimentar desempenha um papel importante no desenvolvimento e na prevenção da metaplasia e atrofia gástrica, do cancro gástrico ou colorrectal. Além disso, foram identificados padrões ou comportamentos alimentares que explicariam grande parte da variabilidade inter-regional na incidência e mortalidade de algumas patologias gástricas e que facilitariam as recomendações de saúde pública, cuja eficácia deveria ser avaliada no futuro.

6. BIBLIOGRAFIA

1. CORREA P, COELLO C, DUQUE (1999). CARCINOMA E METAPLASIA INTESTINAL DO ESTÔMAGO EM MIGRANTES COLOMBIANOS. INSTITUTO DO CANCRO; 44:297-306.

2. CORNEE J, LAIRON D, VELEMA J, GUYADER M, BERTHEZENE P (1992). UMA ESTIMATIVA DAS CONCENTRAÇÕES DE NITRATOS, NITRITOS E N-NITROSODIMETILAMINA NOS PRODUTOS ALIMENTARES OU GRUPOS DE ALIMENTOS FRANCESES. SCIENCES DES ALIMENTS, 12:155-97.

3. CHOTIPRASIDHI P. (2000). EFICÁCIA DILATAÇÃO ÚNICA COM DILATADOR DE MALONEY VS RUPTURA ENDOSCÓPICA DA TAMPA DE SCHATZKI. 45 PAG 28.

4. DALENBACK J. (1996). MECHANISMS BEHIND CHANGES IN GASTRIC ACID AND BICARBONATE OUTPUTS DURING THE HUMAN INTERDIGESTIVE MOTILITY CYCLE. CH 270 P 113.

5. DE WEERTH A, GOCHT A, SEEWALD S, BRAND B (2002), ET AL. HIPERPLASIA LINFÓIDE NODULAR DUODENAL CAUSADA POR INFECÇÃO POR GIARDÍASE NUM DOENTE IMUNODEFICIENTE. GASTROINTEST ENDOSC; 55(4):605-607.

6. DRUCKER R. (2005). FISIOLOGIA MÉDICA. MÉXICO. EDITORIAL EL MANUAL MODERNO. 3ER ED.

7. DVORKIN, MA (2003). FISIOLOGICAS BASES FISIOLOGICAS DE LA PRÁCTICA MÉDICA 13VA EDICION. SPAIN. MEDICA

PANAMERICANA.

8. FARRERAS-ROZMAN (2000). MEDICINA INTERNA. 14ª EDIÇÃO VOLUME I, EDITORA HARCOURT; P. 172.

9. GARCÍA - CONDE J.; MERINO J.; GONZALES J (1995). PATOLOGIA GERAL, SEMIOLOGIA CLÍNICA E FISIOPATOLOGIA. MC GRAW HILL INTERAMERICANA.

10. GARTNER L. P.; HIATT J. L. (1997) HISTOLOGY TEXT AND ATLAS. EDITORIAL MC GRAW-HILL INTERAMERICANA.

11. GUYTON A. (1999). TRATADO DE FISIOLOGIA MÉDICA. NONA EDIÇÃO. EDITORIAL MC GRAW-HILL INTERAMERICANA.

12. GREENBERGER N, BLUMBERG R, BURAKOFF R (2009). DIAGNÓSTICO E TRATAMENTO ACTUAIS. GASTROENTEROLOGIA, HEPATOLOGIA E ENDOSCOPIA. NORTON J., MCGRAW HILL, 2009. PÁGINAS. 64, 184, 185 Y 240.

13. HAN K, PEURA D. (2008). ASSOCIAÇÃO ENTRE INFECÇÃO POR HELICOBACTER PYLORI E MALIGNIDADE GASTROINTESTINAL.

14. HAWKEY CJ, LANGMAN MJ (2003). NON STEROIDAL ANTI-INFLAMMATORY DRUGS OVERALL RISK AND MANAGEMENT, P. 608.

15. HIB J. (1999) MEDICAL EMBRYOLOGY. SÉTIMA EDIÇÃO. PAG. 268. EDITORIAL MC GRAW-HILL. INTERAMERICANA.

16. INEN 2012. INSTITUTO EQUATORIANO DE ESTATÍSTICA E

RECENSEAMENTO.

17. JM SANZ ANQUELA, BLASCO M. (2005). PATOLOGIA GÁSTRICA: LESÕES PRECURSORAS DO CANCRO GÁSTRICO. REVISÃO. CONFERÊNCIA VII CONGRESSO VIRTUAL HISPANO-AMERICANO DE ANATOMIA PATOLÓGICA. OUTUBRO 2005.

18. L. ABREU (2006). GASTROENTEROLOGIA: ENDOSCOPIA DIAGNÓSTICA E TERAPÊUTICA. 2A ED. BUENOS AIRES. EDITORIAL MÉDICA PANAMERICANA. PG. XIII.

19. LATARJET M (2005) ANATOMÍA HUMANA TOMO II, 4TA ED. MÉXICO EDITORIAL MÉDICA PANAMERICANA.

20. LESSON T. S.; LESSON C. R. (1980). SEGUNDA EDIÇÃO. HISTOLOGIA P. 206. EDITORIAL MÉDICA PANAMERICANA.

21. LIJIMA K, SHIMOSEGAWA T.(2006). CARDITE GÁSTRICA: SERÁ UMA RESPOSTA HISTOLÓGICA A ELEVADAS CONCENTRAÇÕES DE ÓXIDO NÍTRICO LUMINAL? WORLD J GASTROENTEROL. SEP 28-12 (36):5767-71.

22. NAYLOR G, AXON A., (2003). PAPEL DO CRESCIMENTO BACTERIANO EXCESSIVO NO ESTÔMAGO COMO FACTOR DE RISCO ADICIONAL PARA GASTRITE, CAN J GASTROENTEROL. JUN-17 SUPPL B13, B-17B.

23. ODZE R., GOLDBLUM J., (2009). SURGICAL PATHOLOGY OF THE GI TRACT, LIVER, BILIARY TRACT, AND PANCREAS, SANDERS, ELSEVIER. PAG. 293 Y 294.

24. PÉREZ E. ABDO J. BERNAL F. (2012). GASTROENTEROLOGIA. MÉXICO ED. MC GRAWHILL. PAG. 145.

25. POPE. C. (1993). ANATOMIA NORMAL E ANOMALIAS DO DESENVOLVIMENTO. 5.ª ED. PHIDELPHIA. PÁGINA 311-318

26. RALT D E TANNENBAUM SR (1981). O PAPEL DAS BACTÉRIAS NA FORMAÇÃO DE NITROSAMINAS. IN: NNITROSO COMPOUNDS, R.A. SCANLAN AND S.R. TANNENBAUM (EDS.), ADVANCES IN CHEMISTRY SERIES NO. 174, AMERICAN CHEMICAL SOCIETY: WASHINGTON, DC,;PP. 157-164

27. RAMIREZ-RAMOS A, GILMAN R (2004). HELICOBACTER PYLORI NO PERU. LIMA-PERU. 2004. EDITORIAL SANTA ANA S.A. (276 PP.).

28. RAMOS N F. (2000). GASTROPATIAS PRODUZIDAS POR AGENTES INFLAMATÓRIOS NÃO ESTERÓIDES. MEDICINA UNIVERSITARIA 3(9); EDITORIAL EDAMSA. IMPRESIONES. MÉXICO PAG 2.

29. ROJO, J. (2003). NOVAS TERAPIAS NO TRATAMENTO DA DOENÇA INFLAMATÓRIA INTESTINAL CRÓNICA. EDITORIAL MC GRAW HILL INTERAMERICANA.

30. ROUVIEREH . (2001). ANATOMÍAHUMANA .DESCRITIVA, TOPOGRÁFICA E FUNCIONAL. VOLUME II. 10ª EDIÇÃO. P 316, 348-349. ED. MASSON. PARIS.

31. SUGIMURA, T. (2000). NUTRIÇÃO E CARCINOGÉNEOS ALIMENTARES. CARCINOGÉNESE; 21: 387-195.

32. SUZUKI H, K IIJIMA, A MORIYA, K MCELROY, G SCOBIE, V FYFE E K E

L MCCOLL ARE (2003). O SISTEMA DE CONTROLO DE QUALIDADE DO SANGUE É UM SISTEMA DE CONTROLO DE QUALIDADE QUE PERMITE A REALIZAÇÃO DE TESTES DE CONTROLO DE QUALIDADE. PAG;:1095.

33. SCHWARTZ (2005). PRINCÍPIOS DE CIRURGIA GERAL. VOL II 8ª ED, MÉXICO MCGRAW- HILL INTERAMERICANA.

34. SLEISENGER - FORDTRAN (2002). DOENÇAS GASTROINTESTINAIS E HEPÁTICAS. 7MA ED. EDITORIAL MÉDICA PANAMERICANA. IMPRESSO NA ARGENTINA. PAG. 542-543; 717 CAPS. 36, 757, 760.

35. SPITZ L. (1996). ATRESIA DO ESÓFAGO. PASSADO, PRESENTE E FUTURO. SURG 31:19.

36. WALTERS CL. (1992). REACÇÕES DE NITRATO E NITRITO EM ALIMENTOS COM ESPECIAL REFERÊNCIA À DETERMINAÇÃO DE COMPOSTOS N-NITROSO. FOOD ADDIT CONTAM; CAP. 9. PAG. 441.

37. WINK DA, FELLISCH M, VODOVOTZ Y, (1999) ET AL. IN: GILBERT DL, COTON CA, EDS.REACTIVE OXYGEN SPECIES IN BIOLOGICAL SYSTEMS. NOVA YORK: KLUWER. ACADEMIC/PLENUM PUBLISHERS. : 245-91.

38. WOLFE, M.M. (2002). TERAPÊUTICA DOS DISTÚRBIOS DIGESTIVOS. EDITORIAL MC GRAW HILL INTERAMERICANA.

39. YAZBECK C. (1995). EMERGÊNCIAS GASTROINTESTINAIS DO NEONATO. 4TH ED. ST. LOUIS, MOSBIC - YEARBOOK. PAG. 53.

40. ZHANG C (2005). INFECÇÃO POR HELICOBACTER, ATROFIA

GLANDULAR E METAPLASIA INTESTINAL NA GASTRITE SUPERFICIAL, GASTRITE EROSIVA, ÚLCERA GÁSTRICA E CANCRO GÁSTRICO AÉREO. WORLD GASTROENTEROL. PAG 791.

7. ANEXOS

Anexo No. 1 Folha de resultados dos 36 pacientes com diagnóstico histopatológico, atrofia, metaplasia gástrica, acloridria e nitritos HOSPITAL SOLCA CHIMBORAZO setembro. 2012 - janeiro de 2013.

Anexo nº 2 Ficha de resultados dos 69 pacientes que apresentavam outras patologias gástricas. HOSPITAL SOLCA CHIMBORAZO setembro. 2012 janeiro 2013.

Anexo nº 3 Registo dos cartões de identificação dos pacientes atendidos no Serviço de Endoscopia do HOSPITAL SOLCA CHIMBORAZO setembro de 2012 - janeiro de 2013.

Anexo n.º 4 Modelo de relatório do Serviço de Endoscopia. HOSPITAL SOLCA CHIMBORAZO setembro de 2012 - janeiro de 2013.

Anexo No. 5 Relatório do relatório histopatológico diagnosticado no departamento de Patologia do HOSPITAL SOLCA CHIMBORAZO. setembro de 2012- janeiro de 2013.

Anexo nº 6 Fisiologia gástrica

Pcte. Não.	IDADE	SEXO	NITRITES	pH Aclorhidria	1		
1		F	POSITIVO	POSITIVO	X		
		M	POSITIVO	POSITIVO		X	
	35	M	POSITIVO	POSITIVO	X		
		M	POSITIVO	POSITIVO			X
5		F	POSITIVO	POSITIVO	X		
		F	POSITIVO	POSITIVO			X
	35	M	POSITIVO	POSITIVO		X	
8	46	M	POSITIVO	POSITIVO			X
9	31	M	POSITIVO	POSITIVO			X
10		F	POSITIVO	POSITIVO		X	
		F	POSITIVO	POSITIVO			X
		M	POSITIVO	POSITIVO	X		
	58	F	POSITIVO	POSITIVO		X	
		M	POSITIVO	POSITIVO			X
	26	F	POSITIVO	POSITIVO			X
		M	POSITIVO	POSITIVO			X
	31	F	POSITIVO	POSITIVO	X		
	30	M	POSITIVO	POSITIVO			X
		M	POSITIVO	POSITIVO	X		
	40	F	POSITIVO	POSITIVO			X
21	21	M	POSITIVO	POSITIVO	X		
	56	F	POSITIVO	POSITIVO		X	
23		F	POSITIVO	POSITIVO			X
	71	F	POSITIVO	POSITIVO	X		
25		M	POSITIVO	POSITIVO			X
26	42	M	POSITIVO	POSITIVO	X		
	70	F	POSITIVO	POSITIVO		X	
		M	POSITIVO	POSITIVO	X		
29	35	F	POSITIVO	POSITIVO			X
30		M	POSITIVO	POSITIVO	X		
31	49	M	POSITIVO	POSITIVO		X	
	67	F	POSITIVO	POSITIVO		X	
		F	POSITIVO	POSITIVO	X		
	55	M	POSITIVO	POSITIVO		X	
35	42	M	POSITIVO	POSITIVO		X	
		M	POSITIVO	POSITIVO	X		

LEGENDA

1. METAPLASIA
2. FIBROSE E DIMINUIÇÃO DOS NÚCLEOS GLANDULARES
3. METAPLASIA-DIMINUIÇÃO DOS AGLOMERADOS GLANDULARES

ANEXO N.º 2 FICHA DE RESULTADOS DOS 69 PACIENTES QUE APRESENTAVAM OUTRAS PATOLOGIAS GÁSTRICAS. HOSPITAL SOLCA CHIMBORAZO set. 2012 - jan. 2013.

Pcte. Não.	IDADE	SEXO	NITRITES	pH Aclorhidria
	26	M	NEGATIVO	NEGATIVO
	52	F	NEGATIVO	NEGATIVO
		M	NEGATIVO	NEGATIVO
40	26	F	NEGATIVO	NEGATIVO
		F	NEGATIVO	NEGATIVO
42	31	M	NEGATIVO	NEGATIVO
43	30	F	NEGATIVO	NEGATIVO
		M	NEGATIVO	NEGATIVO
45	40	F	NEGATIVO	NEGATIVO
46	21	F	NEGATIVO	NEGATIVO
		M	NEGATIVO	NEGATIVO
48		F	NEGATIVO	NEGATIVO
49	42	M	NEGATIVO	NEGATIVO
50	70	M	NEGATIVO	NEGATIVO
51		F	NEGATIVO	NEGATIVO
52	35	F	NEGATIVO	NEGATIVO
		M	NEGATIVO	NEGATIVO
	49	F	NEGATIVO	NEGATIVO
55	67	M	NEGATIVO	NEGATIVO
56		F	NEGATIVO	NEGATIVO
	55	F	NEGATIVO	NEGATIVO
58	42	M	NEGATIVO	NEGATIVO
59		F	NEGATIVO	NEGATIVO
	71	M	NEGATIVO	NEGATIVO
		F	NEGATIVO	NEGATIVO
	35	F	NEGATIVO	NEGATIVO
63		F	NEGATIVO	NEGATIVO
	49	F	NEGATIVO	NEGATIVO
65	67	M	NEGATIVO	NEGATIVO
		F	NEGATIVO	NEGATIVO
67	42	F	NEGATIVO	NEGATIVO
	25	M	NEGATIVO	NEGATIVO
69	55	M	NEGATIVO	NEGATIVO
70		F	NEGATIVO	NEGATIVO
71		F	NEGATIVO	NEGATIVO
	69	M	NEGATIVO	NEGATIVO

Pcte. Não.	IDADE	SEXO	NITRITES	pH Cloridria
		F	NEGATIVO	NEGATIVO
		M	NEGATIVO	NEGATIVO
75	35	F	NEGATIVO	NEGATIVO
	33	F	NEGATIVO	NEGATIVO
		F	NEGATIVO	NEGATIVO
78	58	F	NEGATIVO	NEGATIVO
79		M	NEGATIVO	NEGATIVO
80	26	F	NEGATIVO	NEGATIVO
81		M	NEGATIVO	NEGATIVO
82	31	F	NEGATIVO	NEGATIVO
	30	F	NEGATIVO	NEGATIVO
84		M	NEGATIVO	NEGATIVO
85	40	F	NEGATIVO	NEGATIVO
86	21	F	NEGATIVO	NEGATIVO
87	56	M	NEGATIVO	NEGATIVO
88		F	NEGATIVO	NEGATIVO
	31	F	NEGATIVO	NEGATIVO
90	30	M	NEGATIVO	NEGATIVO
91		F	NEGATIVO	NEGATIVO
92	40	M	NEGATIVO	NEGATIVO
93	21	F	NEGATIVO	NEGATIVO
94	56	F	NEGATIVO	NEGATIVO
95		F	NEGATIVO	NEGATIVO
	71	F	NEGATIVO	NEGATIVO
		M	NEGATIVO	NEGATIVO
98	42	F	NEGATIVO	NEGATIVO
99	70	M	NEGATIVO	NEGATIVO
100		F	NEGATIVO	NEGATIVO
101	35	M	NEGATIVO	NEGATIVO
102		F	NEGATIVO	NEGATIVO
103		F	NEGATIVO	NEGATIVO
104		F	NEGATIVO	NEGATIVO
105	35	F	NEGATIVO	NEGATIVO

APÊNDICE N.º 3RECORTE   DE DEFICENTIFICAÇÃODEFICÇÕES
DOS PACIENTES ATENDIDOS NO SERVIÇO
DE ENDOSCOPIA. HOSPITAL SOLCA CHIMBORAZO
SETEMBRO DE 2012 - JANEIRO DE 2013.

Registo clínico n.º.	Data:
Nome do doente:	
Local de residência	
Idade:	
Sexo:	
Sinais clínicos:	
Exame solicitado:	
Achados endoscópicos:	
Diagnóstico presuntivo:	
Diagnóstico histopatológico:	

ANEXO N.º 4 MODELO DE RELATÓRIO DO RELATÓRIO DO DEPARTAMENTO DE ENDOSCOPIA. HOSPITAL SOLCA CHIMBORAZO SETEMBRO DE 2012 - JANEIRO DE 2013.

<table>
<tr><td colspan="2">HOSPITAL ONCOLOGICO
DR. FAUSTO ANDRADE YANEZ
UNIDAD ONCOLOGICA SOLCA CHIMBORAZO</td><td colspan="2">INFORME DE ENDOSCOPIA
DIGESTIVA ALTA</td><td>SERVICIO DE

ENDOSCOPIA</td></tr>
<tr><td colspan="2">NOMBRE:</td><td colspan="2">EDAD:
56 a</td><td>H.C. Nº:</td></tr>
<tr><td colspan="3">MÉDICO SOLICITANTE: Dr.</td><td colspan="2">ORIGEN: (Comunidad Lirio San José) GUAMOTE</td></tr>
<tr><td colspan="5">SÍNTOMAS: Dolor, prominencia en la boca del estómago.</td></tr>
<tr><td colspan="5">IDG:</td></tr>
<tr><td colspan="2">EQUIPO:
OLIMPUS EXERA GIF V.</td><td colspan="3">PREMEDICACIÓN:
Midazolam 2 mg.</td></tr>
<tr><td colspan="5">ESOFAGO:
de fácil acceso, de características normales.</td></tr>
<tr><td colspan="5">ESTOMAGO:
luz y calibre disminuído, lago mucoso en moderada cantidad verde de orígen biliar.
Lesión ulcero-infiltrativa que se extiende desde incisura angulares hasta región prepilórica que impide la visualización del píloro.
La lesión tiene una extensión de unos 5 x 3 cm que ocupa curvatura menor del antro y parte de paredes anterior y posterior.
Se biopsia con signo de tienda de campaña negativo.</td></tr>
<tr><td colspan="5">DUODENO:
no se explora por dificultad de piloro excéntrico forzado</td></tr>
<tr><td colspan="5">UREASA:</td></tr>
<tr><td colspan="5">PATOLOGÌA:</td></tr>
<tr><td colspan="5">IDGE:
LESIÓN ULCERO-INFILTRATIVA DE CURVATURA MENOR DE ANTRO TIPO BORMANN III, COMPATIBLE CON ADENO CA.</td></tr>
<tr><td colspan="3">Dr. Fabián Romero R</td><td colspan="2">Fecha:
/10/2013</td></tr>
</table>

'SOLCA' UNA MANO AMIGA AL SERVICIO DE LOS CHIMBORACENSES

ANEXO N.º 5 RELATÓRIO DO RELATÓRIO HISTOPATOLÓGICO DIAGNOSTICADO NO DEPARTAMENTO DE PATOLOGIA. HOSPITAL SOLCA CHIMBORAZO SETEMBRO DE 2012 - JANEIRO DE 2013.

SOLCA UNIDAD ONCOLÓGICA SOLCA CHIMBORAZO	INFORME ANÁTOMO PATOLÓGICO	LABORATORIO DE PATOLOGÍA
		N°. INFORME 31130 EXTERNOS

```
: PACIENTE :                               SEXO : M EDAD : 51 Años    H.Cl.:                     00018351:
: ESTABLECIMIEN/CIUDAD : CEBADAS           DIRECCION :                              TELF :
: Nº HIS.CLI. REFEREN. :                   FECHA REF.:
: SERVICIO REMITENTE   : Gastroenterologia FECHA PED.:              INF.CITOLOGICO :
: MEDICO SOLICITANTE   : DR. CARDENAS
: TIPO DE LA MUESTRA   : Biopsia Incisional
: ORIGEN DE LA MUESTRA : MUCOSA GASTRICA
: INFORMACION CLINICA  :
:
: PRESUNCION CLINICA   :
: INFORMES PREVIOS     :
:

: HISTOQUIMICA : 0    INMUNOHISTOQ. : 0    FOTOGRAFIA : N    Nº PLACAS : 1    Nº MUESTRAS : 1    ARCHIVAR :12m:
```

                            I N F O R M E :

MACROSCOPIA:

Se recibe por separado:
1.ROTULADO "ANTRO".- Se recibe dos fragmentos de tejido irregular de
consistencia blanda de color gris blanquecino que en conjunto miden 0,4cm. Se
procesa toda la muestra.
2.ROTULADO "CUERPO".- Se recibe dos fragmentos de tejido irregular de
consistencia blanda de color gris blanquecino que en conjunto miden 0,4cm. Se
procesa toda la muestra.
3.ROTULADO "INCISURA".- Se recibe un fragmento de tejido irregular de
consistencia blanda de color gris blanquecino que mide 0,3cm. Se procesa toda la
muestra.

MICROSCOPIA:

DIAGNOSTICO:

        DIAGNOSTICO DESCRIPTIVO
        BIOPSIA DE MUCOSA GASTRICA
        - Gastritis Crónica Erosiva Folicular Activa Moderada Atrófica,
          Focal Metaplasia Intestinal Completa
        - Helicobacter Pylori (++)
        - Grupo II

            GA
TOPOGRAFIAS:
211.1 ESTOMAGO   535.0 GASTRITIS CRONICA ACTIVA.
000.4 HELICOBACTER PYLORI
MORFOLOGIAS:

SOLCA - Chimborazo, Lunes 30 de Septiembre de 2013   09:08:45

ANEXO N.º 6   FISIOLOGIA GÁSTRICA

ANOMALIA	INCIDENCIA	EDAD DE PRESENTACION	SIGNOS Y SINTOMAS	TRATAMIENTO
Atresia gástrica, antral o pilórica	3:1000.000, cuando se combinan dos membranas	Lactancia	Vómitos no biliosos	Gastroduodenostomia, gastroyeyunostomia
Membrana pilórica o antral	Igual que la anterior	Cualquier edad	Fracaso de la maduración, vómitos	Incisión o exeresis piloroplastia
Microgastria	Rara	Lactancia	Vómitos, desnutrición	Alimentos por goteo continuo o bolsillo yeyunal como reservorio
Estenosis pilórica	En los Estados Unidos, 3:1.000 (regional, 1:1.000-8:1.000) masculino/femenino 4:1	Lactancia	Vómitos no biliosos	Piloromiotomia
Duplicación gástrica	Rara masculino/femenino, 1:2	Cualquier edad	Masa abdominal, vómitos, hematemesis, peritonitis si se rompe	Exeresis o gastrectomía parcial
Divertículo gástrico	Rara	Cualquier edad	Por lo general, asintomático	No suele ser necesario
Teratoma gástrico	Rara	Cualquier edad	Masa abdominal alta	Resección
Vólvulo gástrico	Rara	Cualquier edad	Vomitos, rechazo del alimento	Reducción del vólvulo, gastropexia anterior
Atresia o estenosis duodenal	1:20.000	Neonato	Vómitos biliosos, distensión abdominal alta	Duodenoyeyunostomia o gastroyeyunostomia
Páncreas anular	1:10.000	Cualquier edad	Vómitos biliosos, fracaso de la maduración	Duodenoyeyunostomia
Duplicación duodenal	Rara	Cualquier edad	Hemorragia digestiva, dolor	Exeresis
Malrotacion y vólvulo del intestino medio	Rara	Cualquier edad	Vómitos biliosos, distensión abdominal alta	Reducción, sección de bandas, posiblemente resección.

Printed by Books on Demand GmbH, Norderstedt / Germany